共情提问

人を動かす質問力

如何提出让人
不自觉就赞同的问题

〔日〕谷原诚——著

陈昭蓉——译

九州出版社
JIUZHOUPRESS

前　言

为什么你需要提问力

"为什么你需要提问力？"

如果有人这么问，你会怎么想？

"为什么我需要提问力？"

你应该会这么想吧。

让你这么想的，正是提问的力量。

"什么？这是什么意思？"

有些读者大概已经被我搞糊涂了，请耐心听我说明。

问题能让对方朝着特定的方向思考。当你听到："为什么你需要提问力？"本来应该先思考："我需要提问力吗？"等你确定"我需要提问力"之后，再思考"为什么"。

不过，一听到这个问题，人会不自觉地以"需要提问力"为前提，直接思考下一个问题："为什么我需要提问力？"

培养提问力，可以让你随心所欲地掌控自己的人生。

很久以前，人们一直问"该怎么到有水的地方去"，不断想办法前往有水的地方。有一天，人们思考的问题变了——"该怎么把水运到这里来？"

有了这个问题，人们才开始研究灌溉技术，开始农耕。这正是好问题让文明进化的刹那。

过了一段时间，近代物理学鼻祖牛顿问自己："为什么苹果会掉到地上？"

有了这个问题，牛顿发现了万有引力，物理学向前迈进了一大步。

此后又过了一段时间，汽车工厂总在一个定点组装车辆，工人轮流进出，依序组装车辆。汽车大王福特想：可不可以人不动，让车子动？

有了这个问题，福特想出了利用输送带组装的方案，使得汽车大量生产。这正是好问题让产业进化的刹那。

爱因斯坦说："重要的是不断问问题。"

爱因斯坦不断问问题，发现了堪称"世纪里程碑"的相对论。

通过问问题、寻找答案的过程，人们发展文明，实现舒适的生活，成为地球之王。

本书把焦点放在伟大的"提问力"上，探讨培养提问力的方法。

为什么我会开始重视提问力

先和大家分享为什么我会对提问力感兴趣。

我在二十五岁那年当上了律师。这么年轻就当律师，难免有些客户看不起我，担心我处理案子的能力。当时我心里很不是滋味，想让自己看起来更可靠，所以故意向对方挑衅，制造机会和对方辩论，只要辩赢了，我就心满意足。

那时候我经常问对方问题，但是问题往往带着"你讲的话根本不合逻辑"的意思，话中带刺。

某次帮客户打土地诉讼官司，对方没有请律师，他对我说："你打赢了官司应该很开心吧？但是，你了解我的感受吗？"

我当时受到很大的震撼，更不知道该怎么回答。

打官司的目的不就是胜诉吗？打赢官司有什么不好的？

我这么问自己。

那场官司是邻居争斗，官司结束之后两户人家还是争论不休。

我应该怎么做才对？

我忍不住这么问自己。我到底为了什么代表客户打官司？

答案很清楚："帮客户争取到最大利益。"

没错。我的任务不是打赢官司，而是解决问题的根本，帮客户争取到最大利益。这么说来，当初我应该怎么做才对？

我应该谨慎提问，了解客户真正的需求，也向官司的另一方提问，了解他的立场，想办法找到双方可以接受的折中方案。

我应该通过提问，了解客户、了解对方，找到最好的结论，但我却忽略了提问这个过程，什么都没搞清楚，就单向、强势地主导官司进行。虽然赢了官司，对方却更加

愤恨不平，和我的客户之间又有了新的纠纷，这个结果简直是本末倒置。**我真是个不够格的律师。**

"**我不够了解人。**"为了了解人，我开始拼命读书。这时候，我读了卡耐基的著作《人性的弱点》，受到强烈冲击。书中谈到人的本质，尤其下面这段内容深得我心：

> 人是自尊心的集合体。人不想按照别人说的去做，但如果是自己想的，就会很乐意遵守。要想影响别人的行为，不能靠命令，必须让他自己这么想。

现在想起来，这是理所当然的道理。或许你也知道这个道理。当时我还年轻，不懂人情世故，以为只靠逻辑取胜，嘴上赢过别人，就能改变对方，然而恰好相反。我在律师生涯中经历的许多失败，其实也显现出这个问题。

之后我受到《影响力》和《寸土必争：无需让步的说服艺术》等书的影响，改善了自己当律师的谈判方法和说服方式。经过十五年，现在面对谈判和说服别人的场景时，我会注意时间分配，把大部分时间用在提问上。

经过这些改变，我得到许多收获。多提问，才能深入了解客户的需要，也才能从对方身上得到更多信息，不必发生冲突就能说服对方。

现在我敢打包票，**想要影响别人，不能靠命令，要靠提问。想让人听话，必须提问。想让人成长，也必须提问。**

想在人生中当胜利的一方，同样得靠提问。

提问的六大力量

先问大家一个问题："小时候有什么开心的回忆？"

人听到问题就会想回答，然后不自觉地开始思考，试着找出答案。听到"小时候有什么开心的回忆"，我脑中也会浮现小时候的情景，想起父母在我生日时，买了我一直想要的"微星小超人"玩具给我，让我感动得快哭了。你听到刚才的问题，应该会像我一样回忆起小时候开心的往事吧。

我们平时不会想起小时候的事，几乎都忘记了，但只要一个问题，就能让我们回到几十年前，探索小时候的回忆，而且还能找到答案。

换句话说，听到问题，就会①思考，②想办法回答。好像有人强迫似的，不自觉地思考，并且回答。

问题有两种重要的功用，就是强制让人"①思考""②回答"。就像巴甫洛夫的狗听到铃声会不由自主地流口水一样，我们听到问题就会不由自主地思考，然后回答。

因为问题有这两种功用，所以只要我们培养提问力，就能得到下面这六种强大的力量：

① 随心所欲获得信息；
② 博取好感；
③ 操控行动；
④ 激发成长；
⑤ 主导讨论；
⑥ 改变自己。

这六项都是人生成功必备的能力吧？

培养提问力，相当于培养在人生中成功的能力。

希望大家读了这本书，可以拥有改变人生的提问力，让人生变得更充实，成果丰硕。

律师　谷原诚

目　录

第 1 章

六个技巧，让想知道的信息
轻松到手

开放式问句和封闭式问句

这个时代真是方便，需要信息的时候有各种方法可用，网络、广播、报纸、杂志、书等，我们正处在信息爆炸的世界。不过，从古时候就有一种信息搜集法，至今依然是最值得信赖的方法——听别人说。**听别人说的方法最快，如果对方信得过，得到的信息也会是最可靠的。**

该怎么从别人那里打听到自己需要的信息？

当然是"提问"。

想知道什么信息的时候，问适合的人，就能得到你要的信息。

用于搜集信息的问题有多种，大致可分为开放式问句和封闭式问句。

开放式问句可以让对方自由思考、自由回答，例如：

"这本书怎么样?"回答内容是开放的。封闭式问句会限制对方的回答方式,例如:"你喜不喜欢这本书?"这样二选一的问题,对方只能有两种答案。

不过,问题不只有开放式问句和封闭式问句,在这两种类型之间还有无限种不同程度的问题。以下面四种为例:

　　① 完全开放式问句。

"这本书怎么样?"

　　② 半开放式问句。

"读这本书的目的是什么?"（答案会局限于目的）

　　③ 半封闭式问句。

"想把书的内容应用在工作上的什么场合?"（加了工作和场合的限制）

　　④ 完全封闭式问句。

"你喜不喜欢这本书?"（答案只有两种）

这里列出了四种类型,实际上不止四种。根据问题中的限制,可以衍生出无限种变化。

该怎么活用开放式问句和封闭式问句,得到自己需要的信息？

基本上，**希望对方自由思考、自由回答，再提供给你信息的时候，就用开放式问句；不必多说什么，希望对方明确回答的时候，就用封闭式问句。**

假设你要签订契约，请律师帮你检查契约书。你完全不懂契约书有什么问题，甚至不知道该从什么角度阅读契约书，就以开放式问句问律师："这份契约书有什么问题？"

如果你请律师帮你打官司，今天法院会宣布裁决结果，你可以预测结论"不是输就是赢"，所以只要问律师封闭式问句"判决的结果是赢还是输"即可。

正在找工作的学生请你给他一些建议的时候，重点不在于你的意见，而在于他怎么想，所以应该先问："你想做什么样的工作？"掌握大致的方向后，再问他："这份工作的优点是什么？"探讨他想追求什么，尽量选择开放式问句。

相反，"未来有发展的工作和没有发展的工作哪一种比较好"这种封闭式问句，可以诱导对方说出"我想做未来有发展的工作"。

希望下属思考的时候，就利用开放式问句，问他："该怎么做才能提高工作效率？"不希望下属思考时，就利用封闭式问句，问他："你到底想不想达成业绩目标？"引导他说出"想"就好了。

请看图 1-1，了解在什么情况下应该用哪一种问句。

开放式问句	封闭式问句
无法自己预测答案，希望自由对话的场合	可以自己预测答案，不想说多余的话的场合
希望对方自己表明方向的场合	希望诱导对方的场合
希望对方思考的场合	不希望对方思考的场合

图 1-1　区分使用开放式问句和封闭式问句

必须根据提问的目的使用开放式问句和封闭式问句，提问者也可以自行决定要在问题中加入多少限制，把问题变得比较封闭。

只要懂得活用开放式问句和封闭式问句，提问力就会突飞猛进。

另外，问题还有哪些基本类型呢？

问出所有信息的六个基本提问

　　提问之后，对方正确理解你提问的目的，适度答出你需要的信息，不多也不少，这当然很理想，可惜实际上不可能这么顺利。提问者必须巧妙地让对方了解自己想知道什么，才能得到需要的信息。

　　这时候最重要的宝物是"5W1H"，即"What"（什么）、"Who"（谁）、"When"（什么时候）、"Where"（哪里）、"Why"（为什么）、"How"（怎么）。这些是写文章的基本要素，也是信息的基本要素。

　　如果有人说"想去进修"，试试用 5W1H 进行提问——

　　　"想进修什么课程？"（What）

　　　"想报名谁的课程？"（Who）

"什么时候开始进修?"（When）

"进修的地点在哪里?"（Where）

"为什么想进修?"（Why）

"进修之后要怎么活用那些知识?"（How）

从"想去进修"这个信息入手，利用 5W1H 提问，就能得到许多信息。

不过，请大家注意"为什么"的用法。被问到"为什么"，就必须按照逻辑回答"因为……"。要是说出不合逻辑的答案，可能会被当成"笨蛋"，所以回答的人会努力思考，拼命想理由。换句话说，这种问题会让对方感到"痛苦"，这么一来，心情也可能受到影响。

请看下面的例子：

"为什么想进修?"

"想活用在工作上。"

"为什么想活用在工作上?"

"想提高自己的能力啊。"

"为什么想提高自己的能力?"

"以后想当老板啊。"

"为什么以后想当老板？"

"想过有钱人的生活啊。"

"为什么想过有钱人的生活？"

"……你有完没完啊！"（怒）

被"为什么机关枪"炮轰，必须努力思考合理的答案，越想越痛苦，心情也会变得不好。为了让对方回答得轻松愉快，请尽量避免问"为什么"。

可以改问"什么"和"怎么"。例如"为什么进修之后能活用在工作上"，可以改为下面的问法：

"进修之后能活用在工作的哪个层面？"

"进修之后可以怎么活用在工作上？"

请看图1-2。换了问法，回答就不必在意逻辑，只要具体回答就行了，痛苦程度也会减轻。

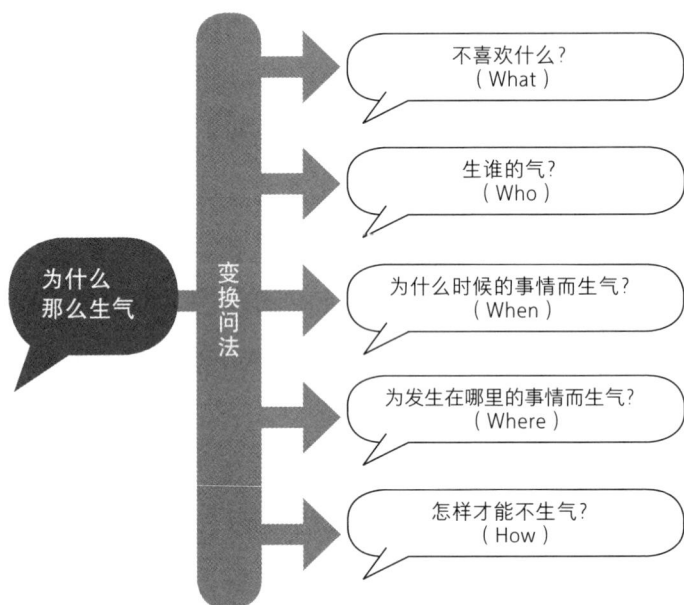

图 1-2 变换"为什么"的问法

　　既然如此，难道就不能问"为什么"了吗？

　　其实，"为什么"也有很有效的时候——当你想以逻辑一针见血地找到答案时。这在商业上很有用。丰田汽车的企业传统就是：想解决问题，一定要重复问五次为什么。

　　请看下面的具体例子：

"为什么上个月的业绩没有达到目标？"

"还没签约就结束合作了。"

"为什么还没签约就结束合作了？"

"因为客户对我们还不够信任。"

"为什么客户对我们还不够信任？"

"我们突然去拜访，对方难免会带有警惕。"

"为什么突然去拜访？"

"因为没有人能从中介绍。"

"为什么没有人能从中介绍？"

"因为……以前从没想过请老客户介绍新客户给我们，这个月开始就这么做！"

不断重复问"为什么"，能让人按照逻辑思考，慢慢逼近问题的核心。尤其在商业上，询问下属时或自己思考问题的时候最有效。

除了"为什么"之外，提问时还有其他注意事项吗？

要问容易回答的问题

希望从对方的答案中得到有价值的信息，必须站在对方的立场，问对方容易回答的问题。人听到问题之后，会试着了解问题背后的意图，并以自己的理解来回答。举例来说，朋友问你："昨天去哪里了？"你猜"他可能想找话题聊天吧"，于是回答："昨天我去了迪士尼乐园。"如果不先想清楚对方提问的目的，你可能会像报告行程似的回复："昨天出了家门以后，在第三个路口右转，进了地铁站，之后搭电车到银座……"

换句话说，光靠提问就能强制对方思考。所以，希望从对方的答案得到信息，必须问不会造成对方负担的问题，这是基本礼貌。

例如，想买计算机的时候，问了解计算机的朋友："有没有好的计算机？"对方也不知道你到底是想买计算机，还是只想知道性能比较好的机型，不知道什么样才算"好"，不得不反问"你想买计算机吗"，才能回答你。这种让对方有负担的问法，实在很没礼貌。

至少要这么问："我想买一台工作用的计算机，平时只需收发电子邮件和处理文书数据，有没有轻巧、便宜的计算机？"这么一来，对方也能根据自己知道的机型，给你最好的建议。问到需要的信息之后，别忘了说声"谢谢"，这样一来一往，对话才算取得平衡。

到电器行买电视，销售人员也会问问题，如果劈头就问："您想买像素多少的电视？"客人会被吓到吧。一般人不会根据像素多少来选购电视。销售人员提问的目的是了解客人的需求，所以应该**从容易回答的问题开始**，例如："今天想买家庭用的电视吗？"再问需要多大的屏幕，是只要看得清楚就好，还是重视画面的美感，**慢慢深入掌握对方的需求**。否则，客人被销售人员问一些莫名其妙的问题，心情都变糟了，根本不会留下来买电视。

对于有些问题，被问者只要想到提问的人，就很难诚实回答。例如："为什么和我们公司断绝往来，去和我们的竞争对手合作？"这就是客户难以回答的问题。他必须回答你们公司的缺点、他不满意的地方，而且怕你听了会生气。这时候应该换成正面的问法：

"我们应该怎么做，贵公司才会和我们续约呢？"
"有什么地方我们可以做得更好？"
"××公司的哪些部分吸引了你们？"

下面的问题也一样。

"我有什么缺点？"

除非是掏心掏肺的好朋友，否则通常很难回答这种问题。
这也能换成正面的问法：

"我有什么优点？"

反过来说，不是优点的地方就是缺点。

"我应该怎么做才会更有魅力?"

想借由提问得到信息,最基本的礼貌是问对方容易回
答的问题。

那么,提问之前至少要先想清楚哪些事情?

提问之前要先检查的四件事

1. 提问的目的是什么

之前我已经谈到，提问有六大力量：

① 随心所欲获得信息；

② 博取好感；

③ 操控行动；

④ 激发成长；

⑤ 主导讨论；

⑥ 改变自己。

提问之前必须想清楚哪一个才是自己提问的目的。因为目的不同，问法也会不一样。

假设问题是"看书"，即使是这么简单的问题，也会因提问目的不同而有不同的问法。想知道对方看不看书，需要问："你看书吗？"想知道对方看什么样的书，需要问："你看什么样的书？"

如果目的是希望博取对方的好感，先问："你喜欢什么样的书？"让对方在脑中想着自己喜欢的书，然后附和他："其实我也很喜欢这本书，看来我们的兴趣一样。"

如果目的是希望影响对方的行动，或是激发他成长，先问："你希望一年后自己是什么样子？"让他认识到现在和目标的差距，再进入到方法，问他："那需要什么样的知识呢？"再问："看什么书可以获得需要的知识？"慢慢让对方领悟自己必须读书。

目的不同，问法也会不同。**提问之前，请先问自己："我为什么要问问题？"想清楚答案之后再提问。**

2. 对方是最适当的人选吗

前几天我迷了路，想找人问路，看看四周，有两个路人。其中一个是背着大背包的外国观光客，另一个是提着超市袋子的中年妇女。我立刻上前问那位中年妇女该怎么走。如果是你，应该也会这么做。要问路，当然要问对附近环境熟悉的人。

换句话说，想借由提问得到信息，必须问知道那些信息的人。问公司的警卫公司预算是多少没有意义，必须问财务部门。

提问之前，应该先思考"问谁才能得到自己想要的信息"，慎选提问的对象。

不过，有时候也会搞不清楚该问谁，这时候应该先向"知道该问谁的人"问清楚"问谁比较好"。以刚才的例子来说，假如我向中年妇女问路，她也不知道该怎么走，我就可以问她："那么我可以去哪里问人？"也许她会告诉我："转角处有派出所，你可以去那里问问。"

要一层一层地爬上阶梯，慢慢靠近你需要的信息。

3. 现在是适合提问的时机吗

提问也得算准时机。

有些人在对方正急着出门的时候来问问题或讨论事情，其实这些人应该早点问。对方在没有充裕时间的情况下，很可能无法完整提供你需要的信息。尤其是大忙人，在他们正忙的时候提问，对方可能根本不回答你。既然是为了得到信息而提问，请考虑对方的情况，提问的时候要懂得体贴对方。

4. 这是最好的问题吗？还有没有更好的

等你想清楚提问的目的，选定最适当的对象和时机，最后就应该思考要怎么问。

对方的回答取决于你的问法，所以必须想清楚怎么问，再提问。假设你想向某家公司推销机器，登门拜访时不能突然就说："我来说明贵公司现在用的机器不如我们公司产品的地方。"是客户亲自选了那台机器，现在也还在用，这样的说法等于暗示客户选错了。

提问时必须顾及对方的面子，慎选问题，先肯定对方的决定，再显示自家公司产品的优点。你可能会想到这样的问法："现在您用的机器很好，不过，有没有什么您觉得需要改善的地方？"这种问法还是有一点瑕疵。如果想进一步肯定对方的决定，可以这么问："如果要改良现在使用的机器，您想改良什么地方？"

必须在一瞬间决定最佳问法。每次我想问问题的时候，心里会同时浮现出几种问法。我问自己："哪个问题最能问出我需要的信息？"选出最恰当的问题后，再思考："还有没有更好的问法？"经过一再琢磨，最后得出正式问对方的问题。有时候一瞬间就能想完，有时候需要想上几秒。

　　律师在法庭上质询证人，需要事先投入非常多的时间，彻底研究该以什么顺序问什么问题，对方怎么回答，接着又该问什么。问错一个问题，可能会得到不利于当事人的证词。反过来说，有时候靠一个问题就能问出对当事人非常有利的证词。一个问题的好坏，足以左右官司的胜负。

　　律师时时都在思考什么才是最好的问题。

　　大家知道名侦探福尔摩斯提问的方法吗？

名侦探福尔摩斯的推理提问法

名侦探福尔摩斯初次和华生医生见面的时候，事先并不知道华生的任何信息，却突然问华生："你到过阿富汗吧？"华生还真的到过阿富汗，他觉得非常不可思议，忍不住对朋友说："福尔摩斯怎么会知道我到过阿富汗？"

以提问的方式取得信息，当然得说话。不过，世上有很多信息，未必只能通过言语传达。通过视觉、嗅觉、听觉、味觉、触觉，也能得到各式各样的信息。借由问问题取得信息固然重要，但别忘了**启动所有的感官，配合你从言语得到的信息，一边建立假设，一边提问**。

福尔摩斯和华生见面的时候，就以这样的逻辑建立了假设：

①　眼前这个人像是医生，而且是带着军人风范的绅士。融合医生、军人、绅士这三种特质的职业是什么？应该是军医。

②　脸部肤色黝黑，双手却白皙，这代表什么？本来肤色并不黑，只是最近晒黑了，可以推测他刚从热带地区回来。

③　脸色憔悴，这代表什么？应该是经历了困难，为疾病所苦。

④　左手腕动得很不自然，这代表什么？应该是受了伤。

根据①～④的推理，可见对方一是军医；二是刚从热带地区回来；三是经历了困难，为疾病所苦；四是左手腕受了伤。按照当时的情况，可以推测他应该刚从阿富汗回来，所以福尔摩斯根据这个假设，问华生："你到过阿富汗吧？"福尔摩斯说，他在一瞬间就归纳出了这个假设。

根据现有的信息建立假设，按照假设提问，就能顺利问到自己需要的信息。漫无目的地问问题，不仅花自己的时间，还会占用对方的时间，对其造成困扰。

俗话说，"闻一知十"。对方说了什么，你应该根据对方的发言、其他人的发言和实际情况，建立自己的假设，再根据假设提问。

七种坏问题

问题有好也有坏。现在，向大家介绍最常见的七种坏问题。

1. 负面问题

负面问题是让对方陷入负面思考的问题。问题有强制对方思考的作用，所以**问负面问题，等于强制对方进入负面思考**。

举例来说，公司主管问下属："为什么事情做不好？"下属就会思考："为什么我事情做不好？是不是没有能力？"找到"做不好的理由"来回答主管。这等于在强迫下属进行负面思考。

如果改问："怎么做才能完成？"下属也会做正面思考：

"我应该怎么做才能完成？"

"你是怎么搞的？"这也是负面问题的一例。听到这种问题，会开始思考自己不好的理由，越想越没劲。

人有时候也会对自己提出负面问题。"为什么我会碰上这么惨的事？"问自己这种问题，最后只会落得"我运气很差"的结论。**改问自己："该怎么撑过这个考验？"通过正面问题，提振自己的士气。**

2. 不需要答案的问题

提问是为了得到答案，然而，一些话只是听起来像问题，实际上并不需要对方回答。例如，下属在工作上出错，有些主管会说："到底要我骂几次才够？"这听起来像问题，实际上主管并不希望下属回答"至少要骂三次"之类的答案。这种问题是不需要答案的问题，应该和真正的问题有所区别。

"到底要我骂几次才够？"其实是在训斥对方"不要再让我骂人了"，希望下属说："很抱歉，下次我会更小心。"这类提问的目的不是要对方回答，而是希望对方反省、道歉。

还有一个常见的例子。老公忘了结婚纪念日，老婆说："怎么会忘了结婚纪念日？"老公无法回答自己忘了结婚纪念日的理由，其实老婆也不期望听到任何借口。这时候老公只需真诚地道歉，发誓明年一定会牢牢记得。

3. 当场否定对方的答案

有些人**明明自己先提问**，待对方回答之后，却又马上说"不对""胡说八道"，**当场否定对方的回答。这种人没有资格问问题**。有时候为了教育对方，必须刻意否定对方的答案，或在关系紧张的谈判中立即否决对方的意见。不过，如果老是否定别人的回答，光说自己的想法，其实根本就不必提问，只要一直陈述自己的想法就好了。

这种人只是想证明自己的想法比对方的更好，才否定对方的答案。称赞对方"说得真好"，显得自己比不上对方，会伤了自尊心，所以才一味否定对方，强势地说："你错了，我来告诉你正确答案。"

经常当场否定对方回答的人必须明白，否定别人并不代表你比较优秀，反而会让对方不开心，认为你是"不懂别人感受的笨蛋"，让人敬而远之。

既然问了问题，就应该耐心、专注地听对方怎么说，接受对方的答案。如果要否定对方的说法，请务必先问自己："如果我现在否定他的答案，他会怎么想？否定他的答案，对我们之间的谈话有帮助吗？"

4. 一个人像机关枪似的连续提问

　　提问之后，听到对方回答才出口否定，还算比较有耐性的。有些性子更急的人，甚至没等到对方回答，就自己说出答案，或者在对方回答之前就跳到下一个问题，拼命地提问，就像机关枪似的，令对方无暇回答。此外，在对方回答之前就擅自换话题，也算这种情况。

　　提问的目的在于让对方思考，并且说出他的想法。不等对方回答就进入下一个问题，或者自己说出答案，根本无法确定对方是否经过了思考，提问也没有意义。

　　还在努力思考问题的答案，就被提问者擅自的发言打断思绪，这代表提问者根本不把自己当一回事，当然会令人不满。既然问了问题，就要给对方时间思考，等对方回答。如果问了很难回答的问题，对方也不知道该怎么回答，可以在对方回答之前，重新换个容易回答的问法。这个新

问题是为了让对方容易回应，不算坏问题。

5. 误导性问题

在法庭审判过程中，质询证人这一部分饶富趣味。律师会对证人提问，引导证人说出对当事人有利的证词。因此，律师时时绞尽脑汁，思考如何让证人说出对自己当事人有利的话。

质询证人的时候，禁止提过于强烈、可能会扭曲真相的问题，也就是禁止"误导询问"。在问题的前提中掺杂错误的事实，引导证人按照提问者的意图回答，是误导询问的一种。

假设在伤害案件中，被告否认控诉的内容，主张"我没有打人"。这时候传唤证人出庭——

检察官："被告殴打被害人的时候，你在哪里？"

律师："抗议。这是误导询问，问题以被告殴打被害人为前提。"

检察官："好。那被告殴打被害人的那一刹那，你看到了吗？"

律师："抗议。这是误导询问。问证人是否看到，如果证人说看到，就代表他看到被告殴打被害人；如果说没看到，代表他只是没看到那一刹那，问题还是以被告殴打被害人为前提。"

法庭上禁止的误导询问，其实在日常生活中很常见，我在本书中称这种问题为"误导性问题"。

举例来说："他从什么时候开始这么没有耐性？"这个问题以"他没有耐性"为前提，提问"从什么时候开始"。本应该先问对方是否觉得他没耐性。"他现在还是这么没有耐性吗？"这同样是误导性问题，回答"是"，代表他一直这么没耐性；回答"不是"，代表他以前没耐性，现在好多了。

为了问到正确的信息，应该避免把错误事实当成问题的前提，否则很容易得到扭曲不实的答案。想从对方身上得到正确信息，应该尽量避免使用误导性问题。

不过，**想诱导对方回答的时候，误导性问题是威力强大的武器。**随后我会说明该如何善用这种提问法。

6. 让对方的大脑感到有负担的问题

之前提到要问对方容易回答的问题，与之相反的问题就是让对方的大脑感到有负担的问题。比如问："你将来想做什么？"对方可就辛苦了。问题太不着边际，被问的人必须拼命想该怎么回答。稍微加点限制，让问题变得封闭，对方会比较容易回答。如果想问工作，可以问："你打算一直做现在这份工作吗？"问题和现在的工作有关，对方也会容易回答。

有些人会问："我该怎么办？"这种问题太不着边际了，必须改用封闭式的问法，例如："三年后我想做○○，现在正在做 ××，碰到△△的问题。我想请教，该如何解决这个问题。"这样一来，对方也比较容易提供建议。

简而言之，**提出会让对方的大脑感到有负担的问题，说明提问者只想到了自己，没有考虑到对方的立场。**既然提问是为了从对方身上得到信息，当然应该优先考虑对方，问对方容易回答的问题。

7. 侦讯式问题

最后一种坏问题是侦讯式问题。逮捕犯罪嫌疑人之后，警官进侦讯室做笔录，劈头就连问好几个问题："年纪？住哪儿？家里多少人？"犯罪嫌疑人回答的时候心理压力会很大。这种问法会让被问的人精疲力竭。

有些人在日常生活中也这么问问题。他们不明白对方听到一连串的问题，回答的时候有多么痛苦。

沟通的重点在于双方取得平衡。一个人拼命问问题，另一个人一直回答，沟通就无法维持平衡，回答的人也会越来越有压力。

提问者必须适度地提供信息，适时称赞对方的答案，保持问与答之间的平衡。

常问坏问题，只会让你惹人厌。反过来说，**如果光靠提问就能博取对方的好感，是不是很棒呢？**

第 2 章

"博取好感"的提问力

如果是喜欢的人提问，什么都乐意回答

　　人听到问题会想回答，然后开始思考，找出答案。不过，我们并不是在任何情况下都会回应，也未必总是毫无保留地回答。我们会看对象，再决定怎么回答。换句话说，**提问者不同，答案也会不同。**

　　举例来说，当你很关照的下属向你请教提升业绩的诀窍，你应该会很开心地说："这小子果然有上进心，我来传授他这些年我辛苦积累的销售技巧吧！"但如果是和你们公司互相竞争的业务员跑来问你，你应该不会轻易泄露机密，心想：怎么可能告诉你！

　　当我们听到问题，除了思考答案之外，还会同时思考这些事：

① 提问者有没有权利问我这个问题？

② 我有没有义务回答这个问题？

③ 如果我没有义务回答，那么要不要回答？

④ 我是直接说出答案，还是稍微修改内容再说？

想清楚这些要素，我们才会开口。

在法庭上质询证人的时候，律师有提问的权利，证人有回答的义务，证人需要按照记忆如实回答。不过在日常生活中，除非双方有上下级关系，否则被问的人通常没有回答的义务。要不要回答问题，往往由回答的人决定。

什么情况下我们才会愿意回答？那就是"想回答"的时候。如果回答问题会让自己觉得有优越感，或让自己处于有利的立场，我们就会想回答。除了这两种情况之外，还有什么情况会让我们想回答？请大家想想。

那就是对提问者有好感的时候。心理学家罗伯特·西奥迪尼曾经做过这个实验，研究人面对什么样的人的时候，会愿意配合对方的要求，结果是"对对方有好感的时候"。这个实验结果听来理所当然，如果是自己有好感的人请我们帮忙，我们会尽量配合，否则，我们会尽量拒绝。恺撒曾说："朋友的请求是最悦耳的音乐。"

想成为好的提问者，必须先博取对方的好感。只要对方对自己有好感，就会乐于提供信息，努力思考你问的问题，回答你。下属也会乐于思考，竭力成长。

亚里士多德在《修辞学》中提到，"人在爱与恨的时候、愤怒和冷静的时候，看到同样的事物不会觉得相同，反而会觉得是完全不同或非常不同的事物"。

问题也一样，如果提问者是自己喜欢的人，问题听起来就是带着善意的；如果提问者是自己讨厌的人，会让人提高警觉，推测对方是否有其他目的，想要陷害自己。即使是同样的问题，提问者不同，问题听起来也是完全不同的，听者会认定问题背后有不同的意图。

想成为好的提问者，必须让对方喜欢自己。大家知道该如何让他人对自己产生好感吗？

赢得好感的六大法则

心理学家罗伯特·西奥迪尼提出了让人对自己产生好感的六大法则：①外表的魅力；②相似性；③称赞；④单纯曝光效应；⑤合伙；⑥联合。

以下依序说明。

1. 外表的魅力

根据心理学研究，外表看起来有魅力的人，容易给人有才华、知性、个性好的正面印象。即使实际上并非如此，仍然会给人留下比较好的印象。

根据调查，在刑事案件中，外表看起来比较有魅力的男性被告被判入狱的概率，只有其貌不扬的男性被告的一半。

因此，要成为好的提问者，必须具备有魅力的外表。就算原本的长相无法改变，至少得看起来干净清爽，保持良好的仪态，随时带着笑容，举止得宜。仅是这么做就会有效果。

2. 相似性

人喜欢和自己属于同类的人，这称为"相似性法则"。发现自己与对方是同乡，或念过同一所大学、拥有同样的嗜好、支持同一支球队，是不是觉得拉近了与他的距离？这就是相似性法则。

想善加利用这个相似性法则，就要多问问题。

"您是哪里人？""小孩几岁了？""喜欢什么样的运动？"对对方抱持兴趣，询问各种问题，发现彼此的共通点，再强调"我也一样！我们真像！"这样一来，相似性法则就会发挥效用，对方也会对你产生好感。

3. 称赞

当人受到称赞，对自己的评价就会提高，自尊心就会得到满足。所以人人都希望得到称赞，对称赞自己的人怀有好感。多讲场面话、客套话是成功秘诀之一,其实也证明了称赞法则的确有效。

请看下面的实验。参加实验的男性必须接受三组人对自己的评价。

A组:只会听到自己想听的评价。

B组:只会听到自己不想听的评价。

C组:会听到自己想听和不想听的评价。

结果,参加实验的男性最喜欢的是 A 组,也就是只称赞自己的那一组。

要利用称赞法则,具体方法是"以好事为前提,提出误导性问题"。举例来说,如果想称赞女性的手提包,可以问她:"这个手提包质感真好,哪里买的?"以对方品位好为前提,问她:"哪里买的?"对方听到问题,便会从"品位好"的角度提升自我评价。

4. 单纯曝光效应

人对于自己熟悉的事物容易怀有好感,根据这种特质,

可以利用"多见面"的方法赢得对方的喜爱。不管见面的时候谈什么，只要建立彼此熟悉的关系就好，这就称为"单纯曝光效应"。

选举车不广播政见，只是一再复述候选人的名字，让选民不断听到候选人的名字，就是在利用单纯曝光效应。广告牌不写产品名称，只写公司名称，让大家熟悉公司名称，也是同样的策略。

虽然这和提问没有直接关联，至少从赢得对方喜爱的角度来看，这种方法有益无害。远方的情人比不上身边的他人，也是单纯曝光效应惹的祸。

5. 合伙

与人合作的时候，会让双方对彼此产生好感。举例来说，某国国内局势混乱时，只要一有敌国出现，国内纷争立刻消弭，人们团结一致，炮口对外。这是利用本国和敌国的对立关系。警官调查刑事案件，侦讯犯罪嫌疑人时，一位警官扮演态度嚣张凶狠的黑脸，另一位警官扮演善待、保护犯罪嫌疑人的白脸，借此让犯罪嫌疑人招供，其实也是同样的手段。这利用了"犯罪嫌疑人、好警官"和"凶狠警官"的对立关系。

利用合伙法则提问的时候，只要找一个共同的敌对者，让自己和对方成为伙伴就行了。假如你是汽车销售员，最后和客户议价的时候可以这么问："我再和主管争取一些折扣，如果能顺利拿到十万日元的折扣，您是不是就决定购买？"

客户会觉得你是为了他而和主管谈判，你们是伙伴，从而对你产生好感。

6. 联合

发生某件事之后，人会将这件事和相关的对象连接，产生特定的情感，这称为"联合法则"。举例来说，我们会对捎来好消息的人产生好感，对带来坏消息的人怀有恶意。

电视广告请来人气明星使用产品，让观众对产品产生好印象，就是利用了联合法则。汽车杂志的封面照片总有模特儿配汽车或摩托车，也是在利用这个法则。谈生意的时候，为了说服对方，一边吃饭一边谈，就是为了让对方将"大啖美食"的幸福感和谈话的内容相连接。

莎士比亚曾经说："坏消息会传染给带来消息的人。"

要利用联合法则博取对方的好感，可以问他"从以前到现在，你最幸福的回忆是什么"之类的问题，让他去思考幸福的回忆、美好的感觉、喜欢的事物。相反，如果让对方回想起不愉快的过去、悲伤的经历，这些回忆就会和你连接，造成负面效果。

因此，**尽量问能为对方带来正面情绪、好印象的问题。**

要博取对方的好感，其实还有更简单的方法，你想不想听一听？

受人喜爱的最强方法是模仿小狗

刚才说明了赢得好感的法则，大家想不想知道**受人喜爱的最强方法**？

要思考这个问题，只要想想自己和身边的人就行了。家庭成员当中，你对谁最有好感？

爸爸？妈妈？兄弟姐妹？小孩？

不管在什么时候都讨人喜爱的是谁？每个人都会生气、难过，有时候会抱怨，有时候会任性。不管对方是自己多么喜欢的人，有时多少都会觉得他有点烦人吧？可是，有没有例外？

家里养的小狗怎么样？

小狗是很可爱的动物，主人一回到家，就开心地摇着尾巴。只要主人摸摸它的头，给点狗粮，它马上开心得不得了。不反驳、很听话，应该有很多人最喜欢的家庭成员是小狗吧？

为什么大家都喜欢小狗？因为小狗总是对主人怀着好感，不会因为每天的心情不同而讨厌主人，不抱怨，也不批评。和小狗比起来，人怎么样？人的态度会随着心情而改变，受制于自我，有时候会抱怨，有时候会生气。这就是小狗和人的差别。听到别人说负面的话，我们也不开心；听到别人的批评，我们的自尊心当然会受伤。

以小狗为榜样，受人喜爱的最强方法就是对对方抱持善意。如果对方对我们怀着善意，我们也会对其产生好感，心理学称这种关系为**"善意的回报性"。相反，如果对方对我们抱持恶意，我们也会对其产生恶意，这称为"恶意的回报性"。**自己对对方的情感会传染给对方，所以尽可能不要对对方抱持恶意，而是要保持善意，这样一来，受到对方喜爱的概率也会提高，提问的时候也比较容易得到答案。

光谈小狗也不好，接下来谈谈人。

《吉尼斯世界纪录大全》中有位销售员，乔·吉拉德，他负责销售雪佛兰汽车，在十五年内一共卖出一万三千零一辆，单日最高销售十八辆，单月最高销售一百七十四辆！他是《吉尼斯世界纪录大全》中全世界最伟大的销售员。

吉拉德每个月会寄卡片给几千位潜在客户，卡片上写着"我喜欢你""我欣赏你"。没有人收到这种卡片会生气，而是会对寄卡片的人产生好感。如果吉拉德也这么对你，你应该会觉得自己在他眼中是特别的人，然后对他怀有好感。当他劝你买车时，你也会不由自主地听从他的建议。吉拉德利用"善意的回报性"这个强力法则，成功登上了吉尼斯世界纪录的宝座。

关于吉拉德还有这样一个故事。

有位中年女性来到汽车展厅。吉拉德负责销售的是便宜的雪佛兰汽车，而这位妇人原本已经决定买较高级的福特汽车，没想到福特的销售员请她一小时之后再来，于是她来到吉拉德这里打发时间。

她说："这是我送给自己的生日礼物，今天我五十五岁了。"她告诉吉拉德自己打算买白色福特汽车，吉拉德回答："生日快乐！我马上回来，您等一会儿。"他离开座位一会儿，之后又回来陪她聊天，介绍雪佛兰汽车。过了十五分钟，女服务员捧着一束玫瑰花走来，吉拉德送给妇人并说："祝您年年都有这么美好的日子。"妇人感动得落泪："我已经很多年不曾收到花了。"两人谈话的时候，她提到福特的销售员因为正好碰到午餐时间，便自顾自地去吃饭，放着她不管，所以她才过来看看雪佛兰汽车。

等到差不多该回到福特代理店时，妇人却决定不回去了。她没有买福特汽车，而是改买雪佛兰，签了支票一次付清。

大家从这个故事中学到了什么？即使已经决定要买什么，只要觉得自己有受到重视，同样会乐意改变主意，改买其他东西。

向对方示好，把对方当成特别的人，一定会带来想象不到的结果。

那么，该怎么通过提问表达自己的善意？

第一个方法是：对对方保持兴趣，问有关他的事。

当我们被问到有关自己的事情时，我们心里一般都会敏感地察觉"这个人想多了解我"，或"这个人并不关心我，只是不得不寒暄"。只要感受到提问者是真的关心、重视自己，自尊心得到满足，自然会对对方产生好感。

提问的时候，必须打从心底关心对方，带着"我想多

了解你"的心情提问。这样一来，对方一定会对你产生好感，并乐于回答你的问题。

英国小说家迪斯雷利曾说："与人说话的时候，以对方为话题，不管时间多长，他都愿意听你说。"我们应该向迪斯雷利学习，内心对对方保持兴趣，问有关他的问题，这样对方一定愿意花时间响应我们。

不要错过炒热气氛的时机

大家一起聊天的时候，本来一直很平淡的对话，可能会在某个瞬间突然热闹起来，这个时间点就称为"谈话的引爆点"。引爆点就是沸点，就像水烧开了似的，大家越聊越起劲，气氛也越来越有张力。

不论在朋友聚会还是谈生意的场合，都是一样的。我经常接受电视和杂志社的采访，采访过程中同样会有突然聊开来的情况。在那一刹那之前，本来只是记者逐一提问，我逐一回答，回答也延展不开。等问到某个问题后，我的思路会突然畅通，回答流利，谈话的内容也变得广而深。

我曾经一边接受采访，一边分析"什么时候才会出现引爆点"。最后发现，通常在这些情况下会出现引爆点：

① 谈到我有自信的话题；

② 谈到我感兴趣的话题；

③ 谈到我觉得舒服的话题。

谈到有自信的话题，思考会变得正面，从而可以滔滔不绝，越说越能满足自尊心。对于自己感兴趣的话题，本来就是想聊的东西，当然精神会为之一振。至于像是自己的成功经验这类讲来畅快的话题，同样可以满足自尊心，当然也会越说越起劲。

这样看来，**谈话的引爆点就在谈话者感兴趣，或可以满足自尊心的话题出现的那一瞬间。**

想引导对方多说话，可以多聊一些话题，想办法找到对方有自信、感兴趣、觉得舒服的话题。**不要错过对方的谈话引爆点。聊到对的话题，对方说话的兴致会突然不同，千万不要错失良机，要尽量延续那个话题。**

想做到这一点，就要去感受对方的情绪。可以这么说："真是令人开心，要是我，一定高兴得飞上天！"表现出和对方相同的情绪，会让人觉得你和他很相似，这样一来，心理学上的相似性法则开始发挥效用，对方便会对你产生好感。

　　只要能做到这一点，不管时间多长，对方都会和你开心畅谈。当对方喜爱你时，他会乐于回答你的所有问题。

利用"问题回飞棒",掌握对方关心的事物

想知道对方感兴趣的事物,还可以利用"问题回飞棒"。例如对方问你:"连休的时候去哪里旅行了?"你就以同样的问题回问:"那你呢?"就像回飞棒似的。对方可能会开始兴高采烈地谈论他去旅行的事。你可以假设,对方之所以开启旅行的话题,说明他对"连休的旅行"多少有点兴趣。

根据我的经验,小学时候那些想炫耀自己暑假去哪里玩的小朋友,总是喜欢到处问同学:"暑假去哪里了?"听到问题,我们会开始思考自己去哪里旅行了,可是别忘了,要站在对方的立场思考,注意到"他可能想聊旅行的话题",反问他同样的问题。

钓鱼的时候,鱼钩上一定得放鱼喜欢吃的饵料。如果

挂着你喜欢吃的蛋糕，恐怕钓不到半条鱼吧？要想吸引对方的兴趣，谈论你喜欢的事情没有意义。要吸引对方的注意，当然得以对方为主角，**谈论对方喜欢的、感兴趣的、有自信的、觉得舒服的话题，这样一定能赢得对方的喜爱，得到你想要的信息。**

汽车大王福特曾经说："如果成功真有秘诀，那就是站在别人的立场思考，设身处地地为他人着想。"

与人聊天的时候，应该站在对方的立场，以对方关心的事物为话题提问。

提问的态度比言语更能影响人心

为了正确了解谈话的内容，当对方说话时，除了词汇本身的言语信息，我们还会分析对方的表情、态度等视觉信息，讲话的声调、强弱等听觉信息。当说话者语意不清时，这三种信息中的哪一种影响听者最深？心理学家曾对此做过研究，并将其称为"麦拉宾法则"。研究结果显示，三种因素的影响程度如图 2-1 所示。

从图 2-1 可以看到，眼睛看到的信息会强烈左右我们对谈话内容的理解。如果对方一边摇头，一边说"你没问题的"，你也不会相信。若是对方以微弱的声音说"你没问题的"，你同样不会相信。只有说话时的视觉、听觉、言语信息全部一致，听出的内容才能赢得听者的信任。

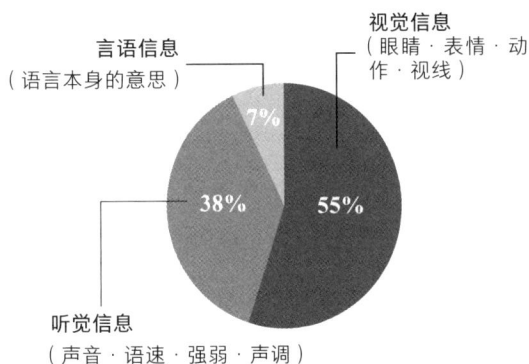

图 2-1　麦拉宾法则：是什么影响了听者

　　因此，**提问的时候必须表现出和问题内容一致的态度与声调。**

　　提问代表着"我想听到你的答案"，提问时的态度也得表现出这样的感觉。下面介绍一些方法。

1. 附和与点头

　　附和或点头代表了肯定的意思。对方说话的时候，偶尔微微点头，附和一下，表示支持。

　　得到听者的附和，讲话的人会觉得自己的意见被接纳，自尊心得到满足。相反，如果听者动也不动，或偶尔摇头，讲话的人会感到不安。

我亲身体验过点头的效果。有时候我受邀去演讲或担任讲师，只要看到听众点头，我就比较放心，演讲时也会比较轻松。如果听众毫无反应，我便开始担心："怪了，是说得不够清楚，还是大家没有兴趣?"因为无法判断听众是否理解、接受我的话，我只能怀着不安说下去。

当我们提问，请对方回答的时候，不要否定对方，适时附和、点头，可以让对方放心回答，说得更多。

2. 复述

复述对方说的话也很有效。例如对方说："我认为系统本身有问题。"你就直接复述："系统本身有问题啊。"听到你的复述，对方能够确定你专心在听，不仅能放心，还会觉得自己和你是一体的。复述代表你没有否定对方的意见，使他觉得你接受了他的想法，让他感到自己很重要，自尊心也得到满足。

3. 确认、换句话说

"确认、换句话说"和复述有同样的效果。等对方说完一段话之后，以自己的方式整理对方的意见，确认意思是否正确。例如："你想说的是，与其说指挥机制有问题，不如说是系统本身有问题，对吗？"

这会让对方觉得：他在专心听我说话，尽力了解我说的意思。使他感到自己很重要，自尊心得到满足。

对提问者来说，这是避免误会的重要方法。

4. 姿势

根据麦拉宾法则，人们重视视觉信息，所以提问的姿势很重要。抱着胳膊靠在椅背上，这样高傲的态度会让对方不想回答你的问题。

提问、希望对方提供信息时，必须稍微把上半身往前倾，看着对方的眼睛诚恳地说话，这是基本礼貌。

另外，还有一种称为"镜射"的方法，可以让你快速赢得对方的喜爱。

请完全模仿对方的姿势、动作，就像照镜子一样。如果对方喝茶，你就喝茶；如果对方将手指交错，你就将手指交错。在同一个时间做同样的动作，代表你们相似，这时候心理学中的相似性法则就会发挥效用，使你很快博得对方的好感。

　　男女之间也可以利用这种方法赢得对方的喜爱，不过男人可别学着女生抚摸头发，免得造成负面效果。

提问与沉默

打篮球的时候有一种称为"抄截"的技巧，指防守球员从进攻球员手上把球抢过来。在进攻球员运球或传球的时候把球截走，对本来已经打算快攻的进攻队伍来说会非常不愉快。

开车过马路的时候，如果右侧突然有辆车开过来停在你面前，挡住你的去路，你也会非常不愉快。因为必须绕一大圈，才能通过。

当我们想朝着某个方向移动，却受到阻碍时，总会非常不愉快。这个法则也适用于日常对话。例如，公司同事进行下面的对话——

A："周末到哪里去了？"

B："去京都玩了，我们家……"

A："到京都啦？真好。我从高中毕业以后，就没去过京都。其实我有朋友住在京都，他……"

B："……"

听到提问后回答问题，打算"接下来好好说"的时候，话却被打断，还被抢走发言权，实在令人不快。在对方说话的时候，擅自打断，自己主导，这可以称为"抄截对话"，就像打篮球的时候截走对方的球一样。

之前我谈到七种坏问题，其中包括"当场否定对方的答案""一个人像机关枪似的连续提问"，这些情况起因于提问者不尊重对方的回答，就像"抄截"一样。因为自己想说话才提问，对方的回答只不过是自己演讲的开场白，这样的行为完全不尊重对方的答案，甚至可以说是不尊重对方，当然不可能赢得对方的喜爱。

希望对方喜欢自己，就要问对方感兴趣的话题。**提问时怀着善意，这样一来应该会想听对方说到最后，而不可能在对方回答的时候抄截，自顾自地演讲起来。**提问者心里的想法，对方其实一清二楚，只要提问者抢走发言权，对方立刻会注意到"这个人根本不想听我说话"。如果提问者专心听到最后，回答的人也会觉得：他对我讲的话真的有兴趣，和他聊天很舒服。

希望对方喜欢你，必须用心聆听。

在对方回答之前，不可以自己先开口。**提问之后，要耐心等对方回答，不要急。对方听到问题，一定会先思考，再想办法回答你，所以只要静静等待就行了。**不要打扰对方思考，这是提问者基本的礼貌，即"提问与沉默原则"。

未必所有人都能快速思考、立刻回答，有些人需要时间慢慢想，有时候问题的确很难回答。如果双方沉默太久，你或许会觉得气氛尴尬，不过，要是对方正在努力思索呢？如果你在这时候开口说话，很可能会打断他的思绪。

除非你确定对方根本没在思考，或者根本不打算回答，否则请彻底遵守"提问与沉默"的基本礼貌。忍受沉默，顶多只会失去一点时间；忍不住发言，"抄截"主导权，可能会彻底失去对方的好感。

赢得对方的喜爱之后，再试着说服他。那么，**该如何借由提问，让对方按照你的意思行动呢？**

第 3 章

"操控行动" 的提问力

操控行动的两大原则

　　人在什么时候会发自内心想做一件事？想想我们自己的行动吧。为什么你每个工作日几乎都在同样的时间起床？为了准时上班。迟到的话，主管会骂人，公司会扣薪，如果经常迟到，搞不好会被辞退。为了避免产生不利于自己的后果，会每天早上乖乖起床，很多人都是这样吧？

　　买新电视的时候呢？以前用的是十四英寸的小屏幕，而用五十英寸的大屏幕看电视节目和电影会更舒服。为了追求更舒服的享受，所以去买电视。

　　为什么我们要工作？为了赚取收入，为了生活。不过，只为了活下去而做仅能糊口的工作的人应该不多吧？即使薪水足以维持生活，还是有很多人宁可牺牲睡眠，也要多赚一些。这些人工作是为了多赚点钱，让自己过得更舒适，赢得好的社会评价和名声，满足自尊心。

　　这样看来，我们在下面两种情况下会愿意做一件事。

　　① 为了满足自尊心：赚钱、过得更好、赢得名誉、赢得友情等。

　　② 为了避免伤害自尊心：避免危险、避免别人降低对自己的评价、避免自己降低对自己的评价等。

　　人为了满足自尊心或避免自尊心受伤，才会愿意去做一件事。所以，要操控人的行动，必须使提问能够满足他的自尊心，或让他想避免自尊心受到伤害。举例来说，"买一台大电视，朋友到家里玩，看到了会很羡慕吧？"这是满足自尊心的问题。"大多数家庭都有大屏幕电视了。朋友到家里玩，看到这么小的电视，会不会显得有点寒酸？"这是想避免自尊心受到伤害的问题。

先动之以情，再晓之以理

除了操控行动的两大原则，**另一个重点是"理性"与"感性"的关系**。我们决定做某件事的时候，"理性"与"感性"扮演了什么样的角色？让我们再回到刚才买电视的例子。

现在看的是十四英寸的电视，画面很小，看得不是很清楚。身边的朋友家里有三十七英寸或四十三英寸的大屏幕电视，看电影的时候既清晰又有震撼力，大家都说现在基本上都看大屏幕了。听到朋友们这么说，自己也觉得：想用大屏幕看有震撼力的电影！而且，如果家里只有小电视，朋友会觉得自己是买不起电视的穷酸鬼，太丢脸了……想到这些，你心里会突然很不是滋味。因此，你会走到电器行，看很多机型，想买一台五十英寸的电视。一看价格，四十万日元。如果一次付清就太贵了，好像可以分期付款。你想了想之后的收支计划，半年后房子租约到期，又得付一笔租金，所以现在拿不出四十万日元。碍于价格，最后只好买了三十七英寸的电视。

在这个例子中，当事人本来"想买大电视""不想只看小屏幕"，这是感性在作祟。到了真正要买电视的时候，开始理性地思考"太贵了""可不可以分期付款"。**人决定做某件事的时候有两个阶段，先是感性带来欲望，之后理性使行为合理化。**电视购物频道忠实地遵守了这两个步骤。节目绝对不会一开始就公布商品的价格，一定先夸奖产品的优点，把产品说得完美无缺，激起他们的感性，让电视机前的消费者看得心痒痒的，忍不住想买回家。经过这个阶段，节目才会提到价格。这时候消费者开始理性思考，节目也主打出"分期付款""零利率"的宣传，提供使购买行为合理化所需的信息。有时最后再加上一句"同时附赠超值商品"，让消费者更容易合理化自己的行为。经过这些阶段，消费者往往就决定订购了。

要让他人照我们的意思做某件事，必须**"先动之以情，再晓之以理，让他合理化自己的行为"**。

.

　　要实践这些步骤，提问是强大的武器。巧妙地提问，能使对方乖乖听话，照你的意思去做。我说过，问题具有让人先思考、再回答的强制力。要遵循先动之以情、再晓之以理的步骤，**先提出能够激发感性的问题，再提出操控理性的问题，就行了。**

设计让人乖乖听话的提问脚本

要通过提问让人照自己的意思做某件事，必须"先动之以情，再晓之以理，让他合理化自己的行为"。**若要更强力地操控他人，就必须"设计让人乖乖听话的提问脚本"。**

先回想电视购物频道的节目进程。在推销腹肌锻炼器材的节目中，一开始先播放使用前腹部脂肪堆积的画面，让观众意识到自己的问题，"想让腹部结实扁平"的欲望也会浮出脑海。这时候再让身材健美的模特儿出现在画面中，让观众看看自己还差多远，同时想象"理想的模样"，唤起观众的欲望。接着，播放使用腹肌锻炼器材的画面，介绍"达到理想模样的方法"，让观众"通过影像体验"。这时候，观众的情绪已经处于"我想买这件器材"的状态。节目只需煽动"我想买"的情绪，再显示商品价格，然后说明这一价格非常公道，可以分期付款，不会造成经济上的负担；在家自己训练很轻松，收纳也很方便，还加送赠品……列举许多可以使购买行为合理化的信息。

要让他人按照我们的意思做某件事，必须让他忠实地经历做出这个决定之前的思考过程。如果节目介绍腹肌锻炼器材的步骤顺序不对，观众最后也不会决定购买。比如，若节目一开始就说"这台腹肌锻炼器材售价三万日元"，这时候观众的理性出动，心里会想："花三万日元，这个月就不能和朋友去喝酒了。这玩意儿真的有这么高的价值吗？真的有效吗？还是先看看，别急着买。"之后再怎么想办法说服观众，恐怕也很少有人会决定购买。

希望对方照你的意思行动，必须设计让人不得不听话的"提问脚本"，按照脚本提问。

假设老公想在假期带家人去泡温泉，先问老婆："连假想不想去哪里玩？"老婆回答："好啊，偶尔去国外玩也好，关岛怎么样？"这时候即使老公说："其实我想去泡温泉……"恐怕也会演变成"关岛 vs. 温泉"的对立结构，夫妻必须谈判。像这样的提问顺序容易造成对立。

设计提问脚本，就能控制对方的思考，控制对话。如果设计像下面的提问脚本，结果会如何？

先租宫崎骏的《千与千寻》DVD 碟片回家，和老婆一起看。

老公："偶尔也想泡泡温泉吧？"

老婆："是啊！"

老公："要是有像电影场景一样的温泉，想不想去？"

老婆："当然想！"

老公："你知道《千与千寻》就是以某个温泉区为范本的吗？"

老婆："真的吗？我不知道耶！"

老公："就在 ××，要不要去？"

老婆："当然要！"

老公："我上网查一下，趁我们还记得电影内容，越早出发越好。就趁这个连假去吧，怎么样？"

老婆："好啊！"

也许实际上未必会这么顺利，但至少比刚才失败的提问好多了，成功概率也比较高。为什么？失败的问法是以开放式问句提问的："连假想不想去哪里玩？"老婆可以自由思考，结果她想到"去哪里好呢？对了，去关岛吧！"心里涌现想去关岛的情绪。之后老公再说"我们去泡温泉"，只会造成"关岛"和"温泉"的对立。

成功的范例是先从看电影开始，电影的内容要和温泉有关。提高对方想去泡温泉的潜在欲望之后，再以封闭式问句问："想不想去泡温泉？"让对方只能回答"想"或"不想"，这时候通常会回答"想"。靠着和电影有关的问句，营造对方对温泉的想象。为了激发对方的兴致，甚至可以在问题中暗示电影就是以某个温泉区为范本的。不管老婆说"知道"或"不知道"，她都一定会对这个话题更感兴趣。最后再问封闭式问句"要不要去"，答案当然是"要"。剩下的就是"什么时候去"的问题，老公只要提议"这个连假出发"，就大功告成了。

按照脚本提问，不会出现"关岛"和"温泉"的对立关系。决定去泡温泉，接着只要提议"这个连假出发"就行了。即使老婆本来打算利用连假去关岛，这时候心也已经飞到温泉区了。比起原本可能造成的对立情况，这是完全不同的结果。

英国喜剧《是，大臣》中，有一段教导下属如何在民调中得到自己想要的结果的桥段，主题是关于要不要恢复征兵制，引用如下：

"伯纳德，有位漂亮的年轻女性捧着笔记本走了过来。你得先给她留下良好的印象，应该不想被看不起吧？"

"是的。"

"她开始发问了。她问：你担心许多年轻人失业的问题吗？"

"是的。"

"你担心青少年犯罪增加的问题吗？"

"是的。"

"你认为我们国家的中学缺乏纪律吗？"

"是的。"

"你认为年轻人在人生中愿意接受权威和指导吗？"

"是的。"

"你认为他们愿意接受挑战吗？"

"是的。"

"你支持恢复征兵制吗？"

"啊……嗯，是吧。"

"到底是支持还是不支持？"

"支持。"

"你当然赞成恢复征兵制。反正你已经无法说自己反对了……不过，那位年轻女性也能让你说出完全相反的答案。"

"怎么问？"

"你担心战争带来的危险吗？"

"担心。"

"你认为，教年轻人手持武器杀人是否危险？"

"危险。"

"你认为逼人拿武器战斗是错的吗？"

"当然是错的。"

"你反对恢复征兵制吗？"

"反对!!"

"你看吧，就像这样，你就是墙头草两边倒的最佳例子。"

根据逻辑脚本，引导对方朝着你希望的方向思考，可以诱导出自己想得到的答案。

　　人的思考会按照一定的步骤进行并得到结论。**想让别人听话，就得先设计提问脚本，让对方按照自己期望的顺序思考，把"问题能强制对方思考"的功用发挥到极限。**

想说服对方，就提问

物理学有"作用力和反作用力法则"，朝某个方向施力，一定会有等量的力作用于相反方向。这项法则也适用于人心，**强迫对方接受，对方也会以同样的力量反抗。**

我读小学的时候成绩并不差，可是不喜欢读书。父母问我："作业写了没？"我反而会不想写作业，故意顶嘴："烦死了，本来打算要写的，现在不想写了。"我当然知道必须念书，可是别人越逼自己做，就越不想做，这就是人的特性。如果父母说："上次日语考了九十分，你好棒喔，是怎么准备的啊？"我会很开心，想主动念书再得高分，一点也不觉得他们是在说服或勉强我念书。

被命令或说服，会令我们觉得自己没受到重视，使自尊心受伤。人们都不喜欢听从别人的命令，但如果是自己想到的点子，就很乐意执行。因此，要说服他人，千万不能让对方察觉你企图说服他，这是基本原则。要巧妙地提问，让对方觉得是他自己想到、自己决定的。

举例来说，某家公司有机会接一份大订单，可是要想在指定日期之前交货，员工就得没日没夜地加班，否则一定赶不及。如果老板擅自接下订单，宣布："接下来三个星期不能休息，每天都要加班。"结果会怎么样？员工一定会强烈反抗。

这位老板没有这么做，他召集所有员工，冷静地沟通："现在有一份订单，如果按照平时的上班时间，不可能在指定日期之前交货。我可以拒接这份订单，不过，假如我们接下这份订单，日后就可以签到更大的合约，公司的发展会更好，大家工作稳定，薪水也会上涨。"

老板又问："有什么办法可以准时交货呢？"员工们集思广益，想出各种可以提早交货的方法，最后认同公司应该接下订单。就在这一刻，原本是公司勉强员工接受的订单，成了大家自己想做的工作。大家同心协力及时交货，公司的生意也蒸蒸日上了。

通过提问让对方打从心里认同

在我二十多岁的时候，曾经接过一件案子，当时证据对我的当事人相当不利。不过，因为对方律师忽略了重要证据，我们得以挽回颓势，最后法院建议庭外和解。若不接受和解，继续调查证据，我们可能又会陷入不利的局面，所以我劝当事人接受和解。

没想到当事人很顽固，不肯接受和解。

"怎么可以这么软弱，帮我打官司，态度应该强硬一点。"

"不，我们应该接受和解。"

这样来来回回谈了几次，我决定让当事人自己决定。即使从经济角度来看，和解比较有利，但只要事后当事人心有不甘，和解终究没有意义。我决定采取当事人能接受的解决方法，于是对他说："好，我们就继续打官司，一定要打出个输赢来。我会尽力帮您打赢官司！不过，我必须先说明这么做会有什么风险。"

我开始向当事人说明不接受和解可能会带来的风险，然后说："如果您想打官司，我一定会尽力。您愿意接受刚才提到的所有风险，继续打官司吗？"当时我真的打算这么做。

没想到，之前我拼命说服都说服不了的当事人竟然说："我想还是和解好了，这样做对我比较好。"最终双方庭外和解，事情圆满落幕。

一开始，当事人不听我的劝告，应该是因为他还没有完全信任我。我也发现了人有趣的特性，当我们强迫对方认同自己的意见时，对方甚至会不顾得失地反抗。

人讨厌被强迫，会心甘情愿做自己决定的事。所以不要强迫对方接受自己的意见，应该通过提问让他自己想通。

同样，希望对方接受自己的意见时，不能一心只想辩赢对方。就算辩赢了，对方也不会打从心里认同，真的照你说的去做。必须先提出能够影响人心的问题。

利用问题掌握谈话的主导权

跑业务的时候必须试探客户的需求，在这种情况下，提问是强有力的武器。假设有顾客上门看冰箱，如果你像下面这样接待客人，会发生什么结果？

销售员："欢迎光临。看冰箱吗？"

顾客："是。"

销售员："现在这款卖得最好。外观采用木头纹路，非常漂亮；对开式的冰箱门，大家都说用起来很方便。我还可以帮你打折，你觉得如何？"

顾客："我只是先看看。"

顾客说完话，走出店面，应该就不会再回来了。销售员根本没有考虑顾客的需求，满脑子只想推销冰箱。要买冰箱的不是销售员，而是顾客。顾客不是来买销售员推销的产品，而是来买他想要的产品，销售员应该谨记这项原则。

销售员只要了解这个道理，应该也会明白，介绍商品之前必须先试探顾客的需求，了解顾客想买什么东西，买了之后"想过什么样的舒适生活"。了解需求之后，当然还得掌握顾客的预算。想了解顾客的需求，可以试试下面的方法。

销售员："请问您想汰旧换新，还是添购冰箱？"

顾客："汰旧换新。"

销售员："现在是用什么机型呢？"

顾客："双门小冰箱。"

销售员："这次换新冰箱，希望有什么样的功能？"

顾客："冷藏室要大一点，可以放更多东西。制冰室也要大一点。"

销售员："容量大一点真的比较好。我们家人也多，所以冰箱一定要大。请问你们家冰箱通常放饮料比较多还是蔬果比较多?"

买东西的人是顾客,不是销售员,所以推荐商品得依照顾客的需求。重点在于**率先提问,掌握谈话的主导权,问出顾客的需求**。

假设性问题：问出对方真心话的魔法技巧

"**假设性问题**"是问出对方需求的技巧，句型通常是："如果 ×× 的话，怎么样？"利用假设，引导对方说出他真正的需求。**因为是假设，所以完全不必谈自己的事，这是一招不谈自己，只以问出对方信息为目的的魔法技巧。**实际用法请看下面的例子。

顾客："我只是先看看。"

销售员："好的，请您慢慢看，我来为您介绍。对了，如果要买，您会考虑多少预算呢？"

顾客："大概 ×× 万日元吧。"

销售员："在这个预算范围内，有很多商品可以选择。如果要买，您重视哪方面的特性？"

顾客:"冰箱容量吧。我们家人多,现在用的冰箱容量不够。"

　　因为只是"如果",对方往往能放心说出真心话。在实际谈判过程中不能说的话,也会因为只是"如果",就不小心说漏嘴。只要知道顾客的预算和重视的特性,就能挑选符合顾客需求的冰箱。大大宣扬商品的魅力,再让顾客觉得价格公道,应该就能成交。不必相信顾客"只是先看看",如果根本不想买,就不会特地跑到电器行看冰箱了。

　　即使顾客拒绝你,你也能利用假设性问题,切入对方的需求。

　　这不仅适用于销售员的工作。当双方处于对立关系时,律师也常使用假设性问题。举例来说,我们会问:"如果最后认定车祸的过失比例为一比九,赔偿金额是三千万日元吗?"

　　相反,有时候顾客会主动问问题。

　　顾客:"还有广告中的特价冰箱吗?"
　　销售员:"有。"

顾客："可以卖我多少？"

销售员："这一价格已经降到底了。"

顾客："算了，我再看看吧。"

这样根本问不出顾客的需求。顾客自己开口，等于主动表示"我对那件商品有兴趣"，销售员应该巧妙地询问顾客对哪一点有兴趣、有什么需求。

顾客："还有广告中的特价冰箱吗？"

销售员："您说的是有急速冷冻功能的冰箱吗？"

顾客："对，我记得价格好像很便宜。"

销售员："针对您的需求，说不定还有更便宜的。请问您现在是用哪一种冰箱？"

利用问题回飞棒，以问题回应顾客的问题。**顾客问的问题会透露出他的需求，表达出他对什么感兴趣。如果真的没兴趣，就不会提问。要机灵地反问，精准切入顾客的需求。**

威胁也得靠提问

要操控他人的行动，必须满足对方的自尊心，或激起他想避免伤害自尊心的心理。**想利用避免自尊心受伤的心理，威胁是最好的方法。**

不过，一般人很难开口威胁别人，这么做可能会伤害彼此的关系。其实可以**通过提问，不让对方觉得受到威胁，实际上又能要挟对方。**

告诉对方："虽然我并不想这么做，情况却会演变成这样。"举例来说，碰到不肯降价的卖家，可以说："我真的很想继续和贵公司合作，不过前几天公司内部会议决定，如果卖家不肯降价，一律终止合约。上级已经决定的事，我们小职员很难改变，可不可以请您多帮忙？"对方不会觉得受到了威胁，所以不太可能有情绪上的反弹，不过，实际上你已经发出了"终止合约"的威胁。

威胁的重点不在于怎么说，而在于话中隐含的恐惧感。将这份恐惧感传达给对方，就能达到威胁的效果。威胁的时候，请利用问题让对方了解后果有多可怕，而且和你个人的想法无关。对方为了避免可能会伤及自尊心的可怕情况，自然会乖乖听话。

面对反驳的应对之道

当我们试图说服他人的时候，对方可能会反驳，应该说，大部分人都会反驳。很多人一听到反驳会觉得"糟了，他根本不认同"，然后马上放弃。我要告诉大家，不能因为对方反驳就放弃。**听到对方反驳，代表有机会厘清彼此观念上的差异，获得对方的赞同。我们应该正面看待对方的反驳。毫不反驳、掉头就走的人才是最难说服的。愿意反驳比没有反应好多了。**

听到对方的反驳，要从正面解释他说的话，并且通过提问，诱导他赞同你。这种提问法称为"正面响应法"。

请看看销售员经常会碰到的情况。

1. "预算不够"

"预算不够"是顾客常用的反驳说法。有些销售员听到顾客说预算不够，便判断多说无用，放弃推销或改推销比较便宜的商品。其实这时候应该稳住脚步，确定对方是不是真的预算不够。

先从正面角度解释"预算不够"的说法 ——

"其实想买，只是预算不够。若你能证明未来可以达到降低成本或提高收益的效果，我就能追加预算。"

重新解释后，就会发现其实还有转圜的余地。再提出下面的问题，试着推销："谢谢您，您能了解产品的优点，我真的很开心。如果预算的问题解决了，您就决定购买吗？只要证明未来可以达到降低成本或提高收益的效果，换句话说，只要确定这项产品能为贵公司带来帮助，贵公司就会重新考虑预算吗？"

2. "不需要"

有些销售员听到对方说"不需要"，就摸摸鼻子走了。其实这也可以从正面角度解释 ——

"东西的确不错，但我看不出它对公司有什么帮助，不知道可以提高多少收益，或者可以降低多少成本。只要你能证明，我就考虑购买。"

　　重新解释，就会发现其实还能商量。试着提出下面的问题："刚才的说明不够充分，很抱歉。您想进一步了解这项产品对贵公司有什么帮助，对吗？只要能证明贵公司可以得到利益，您就愿意考虑购买吗？"

3. "想再看看其他的"

　　最近，顾客的消费行为起了变化，想买东西的时候一定会先在网络上搜索，货比三家。所以销售员经常会听到客户说"想再看看其他的"。

　　先从正面角度解释这句话——

　　"只要可以证明这项产品比其他的更好，我就愿意买。"

　　这时候我们应该这么响应："很抱歉刚才的说明不够充分，我应该更仔细地说明我们和其他店家有什么不同。只要能证明这项产品最物超所值，您就愿意购买吧？"

4."想再考虑一下"

人都不想因为判断错误，在事后后悔不已。顾客在购买之前会尽量想清楚："这真的好吗？有没有更好的？"买了之后还会担心："买下它真的对吗？有没有更好的？"为了延长抉择的时间，会说"想再考虑一下"。

销售员千万不能接受顾客的这种说辞。顾客延长抉择的时间，或许最后还是无法决定。要相信自己销售的商品，相信"现在决定对顾客最好"，劝他立刻购买。

先从正面角度解释这句话——

"只要能证明我现在决定最好，我就买。"

证明给他看时，可以这么问："是我说明得不够充分吧。其实再多想想也不错，只是我不在旁边，无法实时回答您的问题。最好现在就把问题想清楚，我会竭尽所能为您解答。请问您还想知道哪些信息？"

遭到对方婉拒，就利用正面响应法，从正面解释对方的想法，然后通过提问解决对方的问题。只要问题解决了，就能让顾客付钱。顾客以其他说法婉拒时也一样，只要我们抱持正面思考，就能解决问题。

前面介绍过的假设性问题也非常有效。**对方在反驳你的同时，也暴露了他拒绝的理由。"要让您决定购买，就只差这个问题了。假如这个问题解决了，您就愿意购买吗？"像这样运用假设性问题，如果对方回答"是"，便等于作茧自缚，到最后不得不买。**

顾客拒绝的方式都大同小异。如果等被拒绝才思考怎么回答，不仅反应慢，还可能会犯错。如果事先推测顾客可能会有的反应，提前写下回应的说法，那么一旦顾客婉拒你，你也能立刻得体地应对。事先准备充分，心情也会比较轻松。

不仅销售员需要学习这种技巧，大家在其他场合也会碰到对方拒绝自己的情况，请根据自己的立场运用这项技巧。

以正面响应法挡住对方反驳的理由之后，接下来该以什么必杀技让对方做出最后决定呢？

迫使对方做出决定的问题

人们都讨厌别人命令或强迫自己，喜欢自己想、自己决定。当别人命令或强迫自己做事的时候，会觉得对方侵害了自己做决定的自由。相反，如果选项太多，也无法自己决定，因为不敢确定自己的决定是对是错，生怕将来后悔。

想迫使对方做出决定，必须限制选项，让对方从中选择。最好是两到三个选项，四个以上就会造成负担。

前几天我在餐厅吃饭，想喝点酒，便请服务生拿酒单来。一翻开酒单，上面列满了我没看过也没听过的酒名，根本不知道该怎么选，只好请品酒师推荐适合今天菜色的酒。他立刻说："最适合今天菜色的是这一款酒。"那瓶酒看起来的确很不错，但我总觉得不是自己选的，好像少了点什么。明明是自己请品酒师推荐，却有种被强迫的感觉。正当我犹豫不决时，品酒师又说："还有这两款也很适合。"这时候我立刻觉得自己又掌握了决定权，扬扬得意地选了其中一瓶："就这瓶吧！"那瓶酒和菜肴堪称绝配，我吃得非常开心。

刚开始"有很多选项"，令人不知道该怎么选；后来对方"只推荐一种"，又觉得是被迫选择，不想听他的建议；最后"有三种选择"，才能放心地从中择一。

想迫使人做决定的时候，必须广泛试探对方的需求，慢慢锁定目标，等到觉得差不多了，再提出两到三个选项，让对方看看"哪一个比较好"。这样一来，对方比较容易决定，以后也不容易后悔。

误导性问题：让人不自觉就赞同的必杀技

之前介绍了七种坏问题的类型，其中包含误导性问题。**其实利用误导性问题的强大力量，可以操控对方的行动。** 先复习一下，误导性问题代表问题中隐含错误的事实，可以诱导对方说出自己想听的证词，例如下面这种问题。

> 律师："为什么这种商品的评价这么高，证人知道吗？"
>
> 对方律师："抗议！这是误导询问。这种商品的评价好不好，尚未经过证实。这个问题本身就是诉讼的争论点。"

这个问题问的是"证人知道吗"，知道的对象是"商品评价高的原因"，商品评价高成了问题的前提。**如果证人回答"知道"，代表商品评价很好，如果证人回答"不知道"，代表"商品评价很好，但证人不知道原因何在"。**这种误导性问题是得到错误结论、威力强大的技巧，在法庭上禁止使用。

其实应该先问："你听过有关这种商品的正面评价吗？"等证人回答"听过"，才能问刚才的问题。

打官司时禁止使用误导性问题，不过在日常生活中并不禁止，甚至可以好好利用。

我先介绍一下自己上当的经历。我生于日本爱知县，上大学时才到东京。当时从爱知县来到东京，我四处找房子，中介带我看了两间。看了房子之后，中介问："刚才看了两间，你要哪一间？"

当时我脑中想着其他事，听到他这么一问，突然觉得自己非选一间不可，一不小心就脱口而出："第二间比较好。"结果中介马上接话："好，就选那一间吧。"然后直接办了手续，害我住进了离学校很远的房子。

这种误导性问题在业务中可以善加利用。

"这辆车燃油效率非常好。至于颜色，您喜欢黑色还是白色？"

"黑色比较好。"

"我也比较喜欢黑色，看起来稳重。排量有 300cc 和 350cc 两款，您想要哪一种？"

"看价格吧。"

"对，得估价才能决定。您要付现还是贷款？"

"付现。"

"谢谢，估价单是下周末送去给您，还是下下个周末比较好？"

隐藏"买或不买"的问题，以"当然会买"为前提提问，对方当然只能以"要买"为前提回答。就这样诱导顾客下订单。

律师在处理债权回收案件的时候，通常会这样运用误导性问题。

律师："您必须支付三百万日元，您是要马上付款，还是一星期后付款？"

债务人："这太为难我了，还得商量商量。"

律师："总之现在就得付款，即使只有一部分也好，先付十万日元行吗？还是可以付到二十万日元？"

债务人："付十万日元好了。"

律师："拖欠款项必须支付违约金，请问您要找保证人，还是要拿什么东西作为担保？"

这个例子隐藏了"要不要付款"的问题，以"当然要付款"为前提提问，对方也没办法以"不付款"为前提回答。接下来只要谈条件，结果一定对自己有利。

想让对方签约，同样可以利用误导性问题。如果客户犹豫要不要签约，就拿出铅笔说："签在这儿。"签约怎么可能用铅笔，客户会条件反射地问："咦？用铅笔？"这时候你再顺手拿出钢笔，说句："抱歉，拿错了。"客户一不小心就签了。

"不可以用铅笔签约"，客户这么想的时候，已经以签约为前提，将"要不要签约"的问题隐藏在背后，变换成"铅笔或钢笔"的问题了。

还有其他误导性问题的例子：

"什么时候方便收件?"（以订购为前提）

"想先试穿什么颜色的衣服?"（以试穿为前提）

"您这次也满意我们公司的质量吗?"（以上次很满意为前提）

想操控对方的行动，误导性问题是威力强大的武器，希望大家都能运用自如。

我和亚当都无法推翻的"物以稀为贵法则"

我成了律师之后，开始物色合适的住宅大楼。有栋位于市中心的高级住宅大楼我挺喜欢，可是我一直认为"应该还有更好的"，便请中介公司再介绍其他大楼。

中介公司的业务员说："**好的，不过这栋大楼很多人抢着住，倘若今天不决定，马上会被其他人订走，您确定今天不签约吗？**"

我突然担心起来。虽然还想看看其他大楼，却很怕错失机会，心里忍不住想：可能没有比这更好的了。况且，如果我在看其他房子的时候，这里被订走，我就没办法住在这里了。难得看到这么好的地方，错过可惜，说不定以后会后悔。

我开始坐立不安，当场便签了约，决定住在那里。那名业务员说的话可能是真的，也可能是假的，到现在我也不知道究竟还有没有更好的大楼。**当时我害怕失去，突然觉得那栋大楼很有价值，便签了约。**

可能越是会变少、消失的东西，越令人感到有价值，这种心理称为"物以稀为贵法则"。我在学生时代曾经吃过"误导性问题"的亏，成了律师之后又因为"物以稀为贵法则"签了租约。

害怕失去可以拥有的自由，物以稀为贵法则正是利用了人的这种心理。一旦东西变少、消失，人将会失去拥有它的自由，光这么想想就令人害怕，使人失去了冷静判断的能力。此外，如果是原本量很大，因为不断有人取走才变少的情况，我们会断定其他人"拥有我所不知道的信息（知道那样东西的价值），才会想得到那样东西"。这种心态让人觉得眼前的东西更有价值，被称为"社会证明法则"，稍后我会为大家介绍。

在日常生活中，我们可以在很多场合看到物以稀为贵法则的实例。

麦当劳在二〇〇七年一月十二日至二月四日，限量推出"超级大汉堡"，原本预计在十二日到十五日这四天当中卖出一百六十八万份，然而实际销售业绩达到三百三十二万份，接近计划的两倍。消费者担心错过这段时间就吃不到超级大汉堡了，高估了超级大汉堡的价值，纷纷涌入店铺购买。麦当劳非常擅长利用物以稀为贵法则设计季节限定商品，例如秋天有赏月汉堡、春天有照烧蛋汉堡、冬天有焗烤可乐饼汉堡等。

百货公司或店面贴上"售罄"的海报，商品价值便顿时暴涨，大家会开始后悔没有早点出手购买。

看到"七折，仅限今日"，便令人觉得今天不买会吃亏，使人失去冷静判断的能力。

"这个机型只有十台，已经有五台被预订了，仅剩五台。"听到销售员这么说，我们会觉得必须尽快订购。

律师也经常使用物以稀为贵法则。和对方谈判的时候会说："这次提案的回答期限是九月五日，只要过了那一天，我们就会立刻撤销。"对方会因此开始害怕失去这个解决问题的机会。

如果罗密欧和朱丽叶得到了家人的祝福，也许就不会这么相爱。因为身边人的反对、阻挠，显得对方是很难得到的人，反而使他们更加执着，认定对方是今生最爱，最后宁愿同归于尽。进入倦怠期的恋人发现对方有其他异性朋友后，立刻对对方重燃爱火，也是物以稀为贵法则作祟。

《汤姆·索亚历险记》的作者马克·吐温说："亚当并不是因为想吃苹果才吃，而是因为那是禁果。"别人不准的事情，我们反而更想做。

有时候，我们会在新闻上看到百货公司周年庆期间人潮汹涌的盛况，大家疯狂地涌向购物区，你争我夺地抢购，简直杀红了眼。假如卖场只有几个客人，一定不会演变成这种局面。当人一多，人们便害怕如果不立刻出手，东西会被抢购一空，从而造成混乱的场面。

大家可以通过下面的提问技巧，利用物以稀为贵法则让对方乖乖听话。

① 已经失去行动自由的情况。

这个方法是利用已经销售一空、得不到的情况，来提升事物价值的。顾客知道自己已经买不到了，会开始觉得该商品价值不菲，所以类似的商品也会显得很有价值。

"这款已经卖完了，您要不要看看类似的商品？"或"请稍候，说不定仓库里还有最后一份。如果还有，您要购买吗？"只要顾客因为物以稀为贵法则，忍不住说出"好"，买卖就成交了。假设性问题在这种情况下也能派上用场。有些商人比较狡猾，即使还有很多库存，也会贴上"售罄"的海报。

②害怕失去拥有的自由（期限）。

这种方法是设定期限，告诉对方一旦过了期限就买不到了，让对方感到恐惧。

"今天是最后一天，明天来就买不到了。您确定现在不买吗？"

③害怕失去拥有的自由（数量）。

这种方法是限定数量，告诉对方数量越来越少，很快就买不到了，让对方感到恐惧。

"仓库里只剩下三份，您确定现在不买吗？"

让对方知道自己即将失去购买的机会，通过问题暗示："你现在还有权利购买，一旦别人买了，你买不到就得自己负责。"以此提升对方的购买动机。

必须做决定的时候，人们总怕将来后悔，不自觉地希望能"多想一会儿"。因此，我们可以利用物以稀为贵法则，让对方担忧"延后抉择可能会使自己后悔"，为了当下能放心而先买下来。

势在必得的时候，请用三段式问法

日本寓言"白鹤报恩"讲述了白鹤获救之后，帮恩人织布，以报救命之恩的故事。这是所有日本人耳熟能详的情节。得人恩惠之后，总想报答对方——我们从小到大接受的教育也一直在灌输这种价值观。这是为了保持人际关系的平衡。**从他人那里得到好处，会涌现想报答对方的心理，这称为"报恩法则"。**

我们在日常生活的所有场景中都可以观察到报恩法则。收到贺年卡后，就得回寄贺年卡，如果来不及，就等下次节令寄贺卡。如果没有回寄，见面时还会特地道歉："上次收到卡片一直没有回，真抱歉。"收到生日礼物，也想在对方生日时回送。男生在情人节收到女生送的巧克力后，也会在白色情人节回礼。葬礼上收了奠仪，家属一定也会回礼，这些都是报恩法则演变为社交礼仪的例子。

报恩法则当然也能用于商业。超市设置试吃专区，销售员面带微笑免费提供食物，顾客试吃之后难以狠下心丢掉牙签转身就走，会不由自主地觉得应该捧场买点东西回去。有些销售员不特别推销什么，却经常到客户公司拜访，提供有用的信息或小赠品，让人忍不住想订购他们的产品。

报恩法则威力强大，倘若对方是公务员，后果将不堪设想，所以法律严格规定，为公务员提供相关的经济利益即构成贿赂罪。

你可以利用报恩法则让对方听你的话。想拜托对方帮忙之前，先施以小惠。不需要特地迎合对方的喜好，手帕、糖果、有用的信息，什么都好。只要你先给对方一些东西，他立刻会觉得应该回报你，这时候你再提出想拜托对方帮忙的事情。

当你无法给对方任何东西时（虽然我无法想象会有这种情况），该怎么处理？这时候**可以把"让步"当成给对方的礼物。**

心理学家罗伯特·西奥迪尼曾经进行实验，假扮州政府心理咨询专案小组的成员，在路上拦住学生，请他们带一群不良少年到动物园。当然大多数学生都不愿意，有百分之八十三的学生拒绝。接着，实验小组先拦住学生，请他们"在接下来两年的时间里，每星期花两小时为不良少年进行心理咨询"，这时候所有人都拒绝了。然后，实验小组再请学生带一群不良少年到动物园，没想到答应的比例大幅上升，有大约一半的学生点头，成功率提升至三倍。

从实验结果可以看出请人帮忙的技巧。**想拜托对方帮忙的时候，先故意提高难度，让对方拒绝你，然后再让步，说出你真正的目的。这称为"以退为进技巧"。**

让步本身就算给对方的礼物，对方也会觉得"这次该轮到我让步了"，从而不自觉地答应你的请求。

这种技巧可以在许多场合派上用场。举例来说，若希望下属加班两小时，可以先说："不好意思，今天可能得通宵把工作赶完。"等对方说："办不到。"你再让步，问："那可以帮忙加班两小时吗？"相信下属会接受你的请求。

讨价还价的时候先狠狠砍价，再让步说出你心里真正期望的价格，对方也会稍微退让，给你一些优惠。

律师报价的时候，也会先提出比较高的价格，再和客户交涉，你来我往，慢慢调整到差不多的价格。不过，一开始便狮子大开口，反而会显得不切实际，失去对方的信任，造成负面效果，所以务必谨慎。

使用以退为进的技巧时，可以分成两个阶段，不过最好预先设想到对方在第二阶段仍然拒绝的情况，准备好三段式、四段式问法，对方总会在某个阶段点头的。请看下面的例子。

①第一阶段。

保险销售员："月付三万日元的人寿保险，您觉得怎么样？"（如果对方当场答应，当然就不必多说）

顾客："太贵了。"

②第二阶段。

保险销售员："稍微降低保费，月付一万日元的人寿保险呢？"（这才是你真正想推销的寿险）

顾客："真抱歉，还是算了吧。"

③第三阶段。

保险销售员："好的，不过，能不能请您介绍其他朋友？"

顾客："嗯，好的……"

靠着三段式问法，能够确保自己不会空手而归。

利用"小小的 YES"套牢对方

放在地上的一颗球，只要我们不施力，它就静止不动。如果我们朝某个方向施力，球会开始不停滚动，只要没有摩擦力，它就会一直滚下去，这称为"惯性法则"。其实人心也遵从惯性法则，**一旦采取了某个行动，就很难再实行与它相矛盾的行动。人的行动有着一贯性**，就像被套上了紧箍，需要维持一贯的态度，动弹不得，**这在心理学上称为"一贯性法则"**。

美国社会心理学家弗里德曼和弗雷泽曾进行下面的实验。

他们以某个小镇的家庭为实验对象，故意拜托他们一件难以接受的事："我们想调查你们家的家庭用品，能不能让我们自由观察你们家？"一般人应该都会拒绝吧？实验小组以三种方式询问小镇家庭。

A：突然登门拜访，请他们帮忙。

B：先打电话说明调查内容，再请他们帮忙。

C：先请他们填写和家庭用品有关的问卷，填好问卷之后再请他们帮忙。

实验结果显示，A 的方式有百分之二十二的家庭接受请求，B 的方式有百分之二十八，C 的方式有百分之五十三。帮忙填写问卷，相当于表达自己"愿意协助实验小组进行家庭用品调查"，如果之后拒绝他们进入家里调查，就是表达"不愿意协助实验小组进行家庭用品调查"，会造成自我矛盾，伤及自尊心。

他们还进行了下面的实验。以某个小镇的家庭为实验对象，询问他们"是否愿意在家门前设立'安全驾驶'的大广告牌"。问法有下列两种：

A：突然登门拜访，请他们帮忙。

B：先请他们在窗户贴上八厘米见方的"安全驾

驶"的小贴纸，对方答应之后，再请他们设立广告牌。

实验结果显示，A 的问法有百分之十七的家庭接受请求，B 的问法有百分之七十六。答应贴上小贴纸，相当于表达自己"支持推广安全驾驶"的态度，所以之后也不排斥设立广告牌。其实他们不仅愿意设立广告牌，自己开车的时候想必也会更加注意安全。

换句话说，请对方帮忙的时候，即使对方拒绝，也可以改请他帮一些小忙，当行动有了惯性，对方便容易接受下一个更大的请求。这就运用了一贯性法则。

汽车销售员和麦当劳服务员都懂得利用一贯性法则。看到顾客决定买车，销售员就会开始推销各种配件，导航系统、高档钢圈、皮革座椅等。顾客做出买车的决定后，受限于立场，思考模式会顺着购买的方向，连配件也不例外。如果销售员在顾客决定买车之前就介绍配件，可不会这么顺利，此时顾客会把车子和配件视为一体，从整体角度思考"要不要买"。

麦当劳服务员不会在顾客点汉堡之前鼓励他们买薯条，一定是等顾客点好主餐，才亲切地问："要不要加份薯条？"

这样一来顾客也难以抗拒，很容易点头说好。

先用小问题让对方表明立场，然后再追加问题，这种方式称为"两段式问法"。

举例来说，你希望下属加班处理两项工作，如果同时拜托他做这两项工作，他很可能会觉得辛苦而拒绝，这时候就可以利用两段式问法。先说："真抱歉，能不能请你加班，把这件工作做完？"下属觉得负担不大，答应下来后，你再补上第二阶段的请求："谢谢。啊，真不好意思，能不能顺便把另一件工作也处理好？"先让对方答应简单的第一阶段的问题，再提出第二阶段的问题。

下属表达了"愿意加班"的立场之后，自然难以拒绝第二个要求。

如果希望顾客购买高价教材，必须先准备便宜且能立刻拿到的教材。一旦顾客买了便宜教材，相当于表达"愿意购买该类型的教材"的立场，之后也比较容易点头购买高价教材。销售员必须在适当的时机问："要不要顺便听我介绍另一套更有效的教材？"

令人难以抗拒的"大家都这样"

我们对自己的判断没有把握的时候，常会把别人的想法、行动视为重要的判断依据，跟随他人行动。在路口看到红灯，停了下来，如果身边的人纷纷开始过马路，你也会不顾交通信号灯的指令，忍不住往前走。到电器行看到小牌子上写着"畅销冠军"，你也会觉得那一定是好产品，本来没有想买，却因相信该产品畅销而跟着买。看到其他人穿同样款式的衣服，就认定"这么多人穿，想必看起来很时髦"。到了吃饭时间想找餐厅用餐，与其尝试门可罗雀的餐厅，那些看来生意很好的餐厅一定比较好吃。当我们对自己的判断没有把握时，常会把别人的想法、行动视为重要的判断依据，这种心理称为"社会证明法则"。

以前，新加坡发生了存款人挤爆小银行，抢着提领存款的事件，然而当时新闻根本不曾报道该银行有什么财务危机。仔细调查之后发现，原来是公交车公司发生无预警罢工，银行前面的公车站挤满了群众，路人看到大批人群，误以为："哇！这么多人来提领存款，这家银行可能快倒了，我也得快点把钱领出来！"路人也开始跟着排队，聚集的人越来越多，最后演变成大规模的挤兑，差点让银行真的破产。

由这个例子可以看出，我们在做判断的时候是如何参考别人的行动的。

卖场也经常利用社会证明法则促销。

"还有没有人要买？"或**"您还没用过这项产品吗？"**销售员通过问题暗示顾客，其他人已经买了这项产品，从而刺激顾客的购物欲望。

谈生意的时候，常会听到：**"您知道已经有三百家企业采用了这套系统吗？"**或**"你知道小组成员几乎都已经同意了这项提案吗？"**这种问题可以促使对方做出决定。

社会证明法则还阐释了一个特点：**人们比较重视和自己相似的人的判断。**考虑到这一点，把问题改为：**"有很多和您一样的单身男性都选购了这项产品，您想知道为什么吗？"**更能吸引对方，让对方乖乖上钩。

第 4 章

"激发成长"的提问力

什么样的上司无法栽培下属

主管通常对自己的指导理念和管理能力很有自信，不会注意到自己的想法未必正确。《日经 Business Associe》杂志针对一百五十位主管进行问卷调查，问大家"自认是否能够妥善管理下属"，有百分之七十一的人回答"完全没问题"和"没问题"。问他们"自认是否能够赢得下属信任"，有百分之六十四的人回答"绝对有信心""有信心"。然而，对一百名下属进行问卷调查后，发现有百分之六十二的人对主管"非常不满""感到不满"，只有百分之三十八的人回答"很满意""满意"。

主管回答"相信下属信任自己"，下属却说"对主管感到不满"。在职场，下属几乎不会直接批评主管，所以主管很容易误以为自己深得下属的信任。然而这份调查说明事实并非如此，想必主管在和下属相处的时候，会暴露出许多缺点。

从问卷结果可知，主管和下属的感受相差甚远。

主管必须指导下属、带领下属。为此，拥有下属的信任是很重要的先决条件。然而实际上，主管很容易在无意间失去下属的信任。在什么情况下，下属会丧失对主管的信任？

在此列举十个无法赢得下属信任的主管类型，请读者想想，自己是不是符合当中的某些情况。这里列举的每一种行为都会破坏你和下属的关系，妨碍你栽培下属，如果有令你感到心虚的情况，请努力改善。

1. 打断下属说话或否定下属

正如之前谈到的坏问题一样，当下属还在说话的时候，出口打断，或否定下属意见的主管，只是想证明自己的想法比下属的更好。他们摆出"你的想法错了，我来告诉你正确答案"的态度，否定下属的想法，享受自己比下属聪明的优越感。下属会觉得没有被重视，从而失去对主管的信任。

2. 不停吹嘘

主管吹嘘自己的丰功伟绩时，下属会假装听得很投入，可是实际上几乎没有在听，而且会瞧不起主管。**重点不在"当年我有多了不起"，只要说明下属应该学习的具体事实就好了。**

3. 和下属抢功劳

没有人会喜欢和自己抢功劳的主管。每个人都希望别人看到自己的工作成果，和下属抢功劳的主管不仅会让下属讨厌你，他们对你的人格评价也会一落千丈。

4. 对爱拍马屁的下属偏心

对爱拍马屁的下属偏心，会让你身边聚集谄媚的人，让愿意提供意见、真正重要的人逐渐疏远，对自己有害无益。**人很容易在无意间对爱拍马屁的下属特别偏心，务必留心。**

5. 即使错了也不道歉

身为主管就不必向下属道歉吗？当然不是。自己犯了错，就必须立刻道歉。

6. 不懂得表达感谢

同样，当下属为你做了什么时，你就应该表达感谢。主管不懂得感谢，下属也不想为主管努力。

7. 强迫下属服从自己的意见

当下属觉得主管根本不听自己的意见，就不再愿意提供有用的意见了，因为下属觉得自己没受到重视。不要强迫下属服从自己，必须懂得聆听下属的意见。

8. 逃避责任，怪罪别人

出了差错之后，有些主管不承认自己的错误，反而怪罪别人："都是那小子乱说话才会搞成这样。"这种人不会成长，不承认错误就无从改进，以后会犯同样的错。这样的主管对公司的发展有害。

9. 出口伤害对方

有些人经常随便出口批评或讽刺对方。下属花心思写了企划案，主管却随口说："这是想打发我啊?"这种人想通过批评或讽刺对方，满足自己的优越感，最终只会失去下属的信任。

10. 在背后说人坏话

在背后说人坏话的人当然很惹人厌，如果主管是这种人，那更令人厌恶。听到主管在背后批评别人，下属会觉得主管也可能在其他地方批评自己，因此，下属会为了保护自己，和主管保持距离。这种主管同样想通过批评别人，满足自己的优越感，结果只会失去下属的信任。

如果你符合上述某些情况，请立刻改善。倘若得不到下属的信任，即使你想栽培下属，也没有人愿意听你的话，指导也没有成效。

大家记住，**想要改变他人，必须先从自己做起。**

好上司不给下属鱼吃，而是教他怎么捕鱼

母狮子生下小狮子之后，会先喂小狮子喝母乳，之后才让它吃肉。母狮子在大草原上追捕猎物，撕下猎物的肉给小狮子吃，等小狮子再长大一点，就让小狮子自己去猎食。**不再给小狮子肉吃，而是让它自己觅食，如果不这样训练小狮子，一旦母狮子受伤、死去，小狮子无法自己觅食，可能会饿死。**

给小狮子肉吃，可以让小狮子不必饿肚子，不过这只能暂时满足食欲。如果母狮子长期这么做，小狮子便一点也不会成长，反而更加不幸。

人也一样。

激发成长究竟是怎么一回事？只要有得吃、有得穿、有得住，人就活得下去。只要让他衣食无缺，他就会过得

心满意足，也能活得很好。然而，万一给他吃穿的人（通常是父母）出了意外，会怎么样？孩子不吸收知识、增长智能，对他来说是不幸的。有句话说："要让一个人成为废人，就给他一切。"人不必靠自己努力就能得到一切，自然什么都不会。**想让人成长，就不能给得太多。要让他自己思考、自己行动，自己获取需要的一切。**

想想公司的组织架构，金字塔结构的顶端是董事长，下面的员工按照董事长的营运方针行动。如果主管对下属发出所有指示，下属只要照着做，还是能做出一点成绩的。不必自己动脑思考，只要按照指示行动就好，心情也更为轻松。然而，当有一天下属成了主管，必须指导自己的下属时，会怎么样？以前只会按照主管的指示行动，当上主管之后，能够靠自己的判断处理业务，给下属适当的指示吗？想必很难。

不管是父母还是主管，处于上位的人，不能只给孩子或下属"食物"，而必须像母狮子一样，教他"觅食"的方法。**要学习觅食的方法，必须自己思考，自己拟订计划，并且按照计划行动。我们要做的，是引导当事人自己思考。**

要引导当事人自己思考，得靠提问。问题有强制对方思考、回答的功用，所以必须对孩子和下属提出适当的问题。这样一来，对方为了回答你的问题，就会拼命思考，慢慢学会"觅食"的方法。这正是领导者的责任。

什么样的问题让孩子开始发愤用功

"我们家小孩不肯念书，请你跟他说说吧。"

"小孩说以后想当律师，你跟他说说律师的工作内容吧。"

很多朋友经常要我见见他们的孩子。

我会照这些爸妈说的，和他们的孩子谈谈。谈过之后，朋友来告诉我："我儿子突然开始认真念书了，你到底跟他说了什么？"这真是令人开心。不过，其实我并没有什么特殊诀窍，只不过问了一些问题罢了。

有个朋友的孩子正在读中学，想以后开公司当老板。他读了一本书，提到一家大公司的老板虽然只有小学学历，最后还是当上了社长，于是他认定"在学校念书和以后工作毫无关联"，就不再读书了。

简单分享一下我和他的对话。

我："听说你以后想当社长？"

他："对。"

我："想当什么公司的社长？"

他："都可以，比如电车公司。"

我："那很好啊，到时候要让我坐商务车厢啊。话说回来，不念书也能当电车公司社长吗？"

他："那本书上说，这跟在学校念书没有关系。"

我："可能真的没有关系。对了，**你从学校毕业之后，想要一帆风顺地很快就当上社长，还是要千辛万苦才当上社长？**"

他："当然是一帆风顺比较好。"

我："**据我所知，学校没毕业，或者在学校不念书却当上社长的人，都吃了很多苦才有今天的地位，那本书没提到这一点吗？**"

他："好像有。"

我："对吧？要当电车公司的社长，必须懂财务，所以得好好学数学。电力系统、物理知识应该也少不了，还有电车的历史、燃料的知识，都得学。那些当上社长的人，不是在学校很认真地学习，就是等出了学校才拼命学习，对吧？"

他："你说得对。"

我："我为了考上律师，每天一起床就开始念书，直到睡觉之前，一有时间就念书。洗澡、吃饭的时候也不例外。说不定你也有朋友和你一样想当社长，并像我一样拼命念书。也许不是你的朋友，可能是其他学校的人。你现在不念书，以后能赢过他们吗？不是每个人都能当上社长的。"

他："我可能会输。"

我："这是你的人生，按照你喜欢的方式过就好了。现在不念书，只要毕业之后拼命念书，说不定也能当上社长。**我教你可以当上社长的方法吧？**"

他："好啊。"

我：**"问问自己现在应该怎么做，以后才能当社长？"**

他："……"（开始思考了）

我和他的谈话内容就这么简单，没有热烈的争论，只是根据我个人的亲身体验问他一些问题。没想到过了几天，他父母告诉我："我儿子突然开始认真念书了，你到底跟他说了什么？"

　　我只是提问，不过要特别注意下面几点：

　　　① 肯定对方的意见。
　　　② 站在对方的立场，思考该怎么得到对方想要的结果。
　　　③ 让对方自己找出答案。

　　就这三点。

　　即使是小孩子，也有自尊心，有自己的意见，我们必须肯定他。对方只想知道自己能不能实现梦想，对我的人生并没有兴趣。所以，**必须站在对方的立场思考。**如果用我的意见去束缚他，强迫他接受，想必会很痛苦。不过，如果是他自己得到的结论，就会很乐意照做，所以必须让他自己说出答案。

　　这样一来，应该能激发他成长。

让对方不自觉改变的神奇问题

激发人成长是很辛苦的工作。 觉得下属做错的时候，直接对他说"这样做比较好"，他也未必听得进去。下属也有自尊心："搞什么，说我错？我才是对的。"他会在心里自我安慰、自我说服，并且不会积极改变自己的行为。**如果有人要我们改变行为，我们会觉得以前的自己遭到了否定，自尊心会受伤，忍不住想反抗。**

律师会到警察局或拘留所见犯罪的被告，这时候常常听到他们合理化自己行为的说法："要不是他先出口伤人，我也不会动手，都是他的错。""从手提包就能看到钱包，简直是叫我偷它啊。"既然是犯了罪的人，不管谁听到他们的说法，都会觉得是"你的错"。然而大多数犯罪者还是会自我洗脑，认定"不是我的错"，这就是人性。

所以，我们身边的人会合理化自己的行为也很正常。与其责怪合理化自己行为的人，不如认清人就是这样，思考该怎么处理比较好。

不阻止对方合理化自己的行为，又要让他愿意改变，这当然有诀窍。重点是，不能伤害对方的自尊心。 举例来说，如果下属的办公桌乱七八糟，即使你要求改善，他也会反驳："我知道什么东西放在哪里，而且把资料放在桌上，随时可以开始工作，效率更高。"要改变下属的这种行为，可以运用下面的方法。

不要开口就训斥他："办公桌搞得乱七八糟，真不像样，马上整理干净。"这样他一定会反驳。直截了当地指出下属的错误，会伤了他的自尊心。所以，先肯定他："有道理，把还在处理的资料放在桌上，一坐下来就能马上开始工作。很好，真有干劲，加油啊！"下属的自尊心得到满足，之后要改变他的行为，他也能认定"之前我并没有错"，为合理化自己的行为埋下伏笔。

然后再提出激发下属改变的问题："上次你不在的时候，我想找一些资料，结果找不到，搞得手忙脚乱。我也赞成你的想法，不过，能不能让其他人也能轻易找到资料？"

对于整理办公桌的理由，不反对"我知道数据在哪里，工作效率也比较高"的说法，而是提出完全不同的理由，希望他改变行为。这么说，表示以前他的做法也没有错。目的是要求下属永远改变，所以不该说"整理一下吧""有人要来督查，你就稍微整理一下吧"。就算整理过一次，他也会故态复萌。

当下属听你的话，把办公桌整理干净之后，你必须称赞他："桌面变得真干净，现在我找资料方便多了，而且都在随手拿得到的地方，就像你说的，一坐下来就能马上开始工作，真是一箭双雕。以后就靠你多表现了！"

这样一来，他也能合理化自己的改变，不会伤及自尊心。一旦受到称赞，得到主管的期许，以后就很难再回到以往的样子了。

这个方法有三个重点：

① 合理化对方过去的行为。

② 用另一个理由提问，激发对方改变。

③ 对方改变之后，要称赞他，表明你期望他以后继续保持。

按照这些步骤，可以顺利引导对方改变行为。

大多数主管基于自己和下属的上下级关系，难免想发号施令。**不过光靠命令，并不能让对方打从心里服气。不能因为他是下属，就践踏他的自尊心。**对方也和你一样，觉得自己最重要，和你是平等的。

栽培下属也是主管的责任，不要以为当了主管就能作威作福。请大家别忘了这一点。

主管的两种责任是什么

主管对下属有两种责任。

① 让下属正确而迅速地工作。

② 栽培下属。

公司以盈利为目的，当然应该尽可能提高销售业绩、节约成本。所有员工都得正确而迅速地工作，才能达到这个目标。主管必须带领一群下属，让他们正确而迅速地工作。

该如何让下属正确而迅速地工作？

必须让下属正确了解自己应该做的工作。主管要准确指示下属，让他正确了解自己应该做什么。如果有必要，就详细说明，这么一来，往往能帮助下属正确了解自己的业务内容。不过，**要如何判断下属是否正确了解自己的工作？他了解业务的根本概念吗？**如果了解得不够深入，一旦发生意想不到的状况，是不是就无法处理？我自己也有下属，所以心里经常有这些疑虑。

要解决这些疑虑，同样得靠提问。主管不要直接对下属下达指令，而要改问问题。主管提问，让下属自己思考答案。从答案就能看出下属究竟懂不懂。

"如果××的状况发生，该怎么办？"

"××和○○，该选哪一个？"

设想可能会发生的情况，通过提问让下属思考、回答。可惜大部分主管并不懂得提问，而是直接下达命令，因为他们不想花费时间，觉得直接发号施令比较快。但这样真的比较快吗？如果只是简单的事务，不需要有什么想法，的确直接指示就好。但如果需要和厂商往来，或需要当场处理问题，假如下属并未完全了解，可能会犯下大错，或是一碰到问题就找主管商量，反而更耗费时间。

主管当然必须指示下属，且不可能每次指派工作都靠提问，必须视情况决定适当的方法。如果是不需要随机应变的简单事务，或者下属已经经验丰富，主管就不必一一确认，只要给其最低限度的指示即可。至于其他必须彻底了解的工作，即使比较花费时间，也应该通过提问，确定下属是否完全了解，从而让下属正确而迅速地执行业务。

主管的另一个责任是栽培下属。公司当然希望能够永续经营，年轻人成长之后升为主管，继续指导年轻后辈。其实主管也只是经验多一点而已，根本不足为道。我当律师超过十五年，不知道的事还是比知道的多。看到下属的点子，有时候会很讶异："原来还有这种方法！"即使今后继续累积二三十年的经验，想必还是一样。

要切实地栽培下属，借用下属的聪明才智，让他们提出比主管更好的方案。

要栽培下属，必须花很多时间一起讨论。

先说明业务大致的方向和目标，然后提问："你觉得应该怎么做？"

下属也许回答得不完整，这时候再点出下属的想法的不足之处："照这种做法，如果 ×× 的话，该怎么处理?"

下属会想出处理方法，如果你觉得不够好，就重复这个步骤，下属会再想其他方法。然而，大多数主管不会运用这种方式，因为大家都不想花时间。请大家记住自己的责任，主管有责任栽培下属。

如果下属一直想不出好方法，请给他提示："这么想的话，会怎么样？"

下属可以根据你的提示再思考。你要让他自己想出答案，这一过程能让人成长。在自己思考、自己找到答案的过程中，人就会成长。

在这个过程中，主管绝不会强迫下属听他的命令。怀着协助下属成长的心情，这和教练式领导的概念一样。

我的律师事务所聘用了许多律师和员工，有新进员工的时候，需要花比较多的时间教他们。**用提问的方式给员工指示，慢慢就能减少指示，因为下属会自己成长。交派工作给新员工的员工也会越来越信任他们，大家的能力越来越强，我必须自己做的工作也就越来越少。**只要下属得到成长，主管的工作就会更轻松。请大家相信，用提问激发下属成长，这么做也是为了自己。

转换成正面问法

有些主管嘴上说想栽培下属，实际上却常问负面问题，例如："你怎么连这种事都做不好？"其实他们也想栽培下属，可惜做法是以自我为中心。他们心里觉得：我都说破嘴了，怎么还听不懂？怎么还学不会？不是站在对方的立场，而是站在自己的立场说话。

这样下属当然不会听你的，也不会成长。**提问时应该站在对方的立场，一起思考该怎么做。**

这时候得用"正面问题"：所有问题都要引导对方往正面方向思考。

要怎么将"你怎么连这种事都做不好"这种问题转换成正面问法？

先理清问题背后的观点，改问符合同样观点的正面问题。

"你怎么连这种事都做不好"背后的观点是,"你应该做得到"。既然如此,只要改用正面问法即可。

【正面问题】

"怎么做才能做好?"

"我应该怎么帮你才能做好?"

"什么时候才能做好?"

"你觉得跟谁合作才能做好?"

"你觉得在哪里进行才能做好?"

所有问题都有"做好"这个词。问这些问题能让人的思考往"做好"的方向转变,进行正面思考。

读者可能已经发现,这些问题是除了"为什么"之外的4W1H问句。这时候追问"为什么"并不恰当。

有些人会对自己提出负面问题。举例来说,**很多人常说"为什么我总是这么倒霉"。如果心里这么想,则永远不会成长**。说这种话的人,想必性格上习惯依赖他人,不管好事坏事,都仰赖他人,不自己行动。这种人必须改变想法，改问能激发自己斗志、促使自己展开行动的问题。

【正面问题】

"也许这不算倒霉，说不定是好事。"

"该如何超越困境？"

"该如何改变自己，才不会再遇到坏事？"

接下来，开始练习一下正面问题吧！

【负面问题①】

"要我说几次你才听得懂？"

【观点】被提醒过一次就应该改进。

【正面问题①】

"上次提醒过之后，有什么改变？"

"这次出错的原因是什么？"

"如何避免再犯错？"

"如何确定自己的做法已经改善？"

"你预计什么时候改善情况？"

【负面问题②】

"为什么只有你业绩差？"

【观点】你应该也能做出好业绩。

【正面问题②】

"你认为为什么其他人业绩好？"

"改变什么地方才能提高业绩？"

"你觉得客户想向什么样的人买东西？"

"你觉得客户想在什么时候买东西？"

【负面问题③】

"你怎么这么没斗志？"

【观点】应该拿出你的斗志。

【正面问题③】

"你看起来精神不太好，出了什么事吗？"

"做什么事情会让你充满活力？"

"怎么做才能让你觉得现在的工作有意义？"

"什么时候你会觉得现在的工作有意义？"

"为谁工作会让你觉得工作有意义？"

【负面问题④】

"为什么不遵守提交期限？"

【观点】你应该遵守提交期限。

【正面问题④】

"该怎么做才能遵守提交期限？"

"原本设定的提交期限在可以达成的范围内吗？"

"为了遵守提交期限，你做了什么努力？"

"当初怎么做才能遵守提交期限？"

【负面问题⑤】

"为什么总是往坏处想？"

【观点】应该往好处想。

【正面问题⑤】

"从正面角度思考这件事，会怎么样？"

"你尊敬的 ×× 会怎么想？"

"当初改变什么，能得到不同结果？"

　　任何负面问题都能转换成正面问题，而且也应该这么做。提问能强制对方思考，否定性的问题会让对方从负面思考，**肯定性的问题则会让对方从正面思考。**想栽培下属，必须让他从正面思考切入。请大家务必学习怎么运用正面问题。

正中核心的问题能让人找回自我

面对身边发生的大大小小的事情，我们除了一一处理，有时候也会不自觉地迷失，忘了真正重要的事物。忘了真正重要的事物，就无法做真正该做的事，还会偏离应该前进的方向。负责栽培人才的人，应该注意对方是否走偏了路，忘了原本的目的。**如果对方忘了原本最重要的目的，就要提出正中核心的问题，让他想起原本的目的，重新找回自我。**

《令人流泪的感人故事》一书的第九集中记录了下面这则真实故事。

一位刚分娩完的妈妈沉浸在幸福当中，主治医师却宣告"这孩子的心脏有个洞"。妈妈到了夜深人静的时候，心里越来越不安，担心：我照顾得了这个孩子吗？她能活下来吗？于是偷偷来到新生儿室。她看着刚出生的孩子，泪流不止。

这时候，护士恰好经过，把泪流满面的妈妈带到另一个房间，听她说出内心的感受，**最后亲切地问她："小孩心脏有洞，就不要她了吗?"**

妈妈心里一震，赶紧否认，护士又说："对啊，孩子已经来到你身边了，不必担心，有什么事随时到医院来。"

原本对未来极度不安的妈妈听到护士的话后，立刻注意到最重要的事。后来她细心照顾女儿，直到现在依然记得当初护士说的那句话，借此鼓励自己，还打算以后要告诉女儿这段往事。

一个好问题可以穿透人心。"我的小孩心脏有洞……"这个消息让妈妈忘了自己生下女儿的喜悦，多亏护士正中核心的问题，她才又想起更重要的事。这正是问题的魔力，不管原本处于什么样的情绪，听到问题后总会先思考，再想办法回答。**心情慌乱的妈妈听到护士问："小孩心脏有洞，就不要她了吗?"**才想起这个孩子有多么珍贵。如果有人陷入慌乱的情绪，忘了真正重要的事物，请大家学习这位护士，利用正中核心的问题帮助对方跳出现在的处境。

下面的问题可以让每天生活忙碌的人心里一震，请大家想想看：

　　如果你快死了，最后只能再打一通电话，你会打给谁？

　　你想说什么？

　　那么，何不现在就拿起电话？

　　（出自《心灵鸡汤》，杰克·坎菲尔德、马克·维克多·汉森著）

第 5 章

"主导讨论"的提问力

要对方听话必须经过讨论吗

到目前为止，我说明了如何利用提问力影响他人的行动和决定。要让人听话，必须尽量避免讨论，顾及对方的面子，通过问题引导对方的情绪。这么说来，希望对方乖乖听话，并不需要辩论的能力，辩论甚至可以说是有害的。

不过，想想人从感兴趣到最后做决定的过程，一般先是情感发挥作用，再是理性出来合理化这个结论，而合理化的过程必须符合逻辑。因此，**如果我们希望对方乖乖听话，必须先影响他的情绪，再协助他合理化这个结论。这时候，我们需要站在对方的立场，发挥逻辑思考力，解决对方心里想反驳的事。**

举例来说，当对方有了购买的欲望，如果他说："这个英文课程要花二十万日元，太贵了。"你就得靠逻辑说明：

"可以分期付款，分三十六期，每个月只要六千日元。每个月少喝一次酒就够了，还可以顺便养肝，又能学好英文会话，一举两得。"

在追求利益的商场上，只要提出能提升业绩或降低成本的提案，对方就会照着你说的方向做。提案好坏的判断标准是合理性。许多时候，我们必须舍弃感性，根据理性做出合理的判断，例如合理的组织设计、经营策略、财务策略等。面对这些议题的时候，必须用理性进行讨论、辩论，以得出更好的结论。

在这种情况下，自己的提案再怎么好，如果不擅长讨论，也无法说服对方。必须靠逻辑武装自己的提案，找到对方的逻辑缺陷，才能在商场中获胜。

所以，我们必须培养一定程度的辩论能力。律师必须在法庭上驳倒对方，才能打赢官司，这其实相当于在培养辩论能力。大家不必像律师一样，只要能在一定程度上做到就行了。在讨论过程中，提问可以发挥很强大的效力。"掌握问题的人能够主导讨论"，说得一点也不为过。

为什么苏格拉底和律师总能辩赢别人

古希腊哲学家苏格拉底是一等一的辩论专家，他主张"无知为知"，也就是"自己什么都不知道，唯一知道的就是'自己什么都不知道'"。他和看起来无所不知的辩论家讨论时，每次总能辩赢他们，让对方暴露出自己无知的一面。

不过，正因为他辩赢了太多人，所以惹人讨厌，最后被送上法庭，处以死刑。法庭审判的情况记录于柏拉图的《申辩篇》。

苏格拉底的辩论方法很独特，看了书就会发现，**苏格拉底是靠提问在辩论**。他从不滔滔不绝地陈述自己的主张，而是一定会问对方问题，等对方回答之后，再问其他问题。他巧妙地利用提问，让对方的前后回答自相矛盾。

即使对方察觉自己被引导说出自相矛盾的答案，也无法回避，不得不承认自己说的话矛盾并认输。

只要看他的弟子柏拉图写的书，就能了解苏格拉底的辩论技巧，我以《申辩篇》为例。

当时莫勒图斯告发苏格拉底"煽动雅典的青年质疑国家推崇的神，转而相信其他神灵的力量，使青年堕落"。下面是他们两人之间的问答。

　　苏格拉底："你的主张是我不相信任何神，并且鼓吹其他人这么做，所以有罪？还是你认为我相信众神存在，只是不信奉国家推崇的神，反而信其他神，并且鼓吹其他人这么做，所以有罪？"

　　莫勒图斯："你不相信任何神。"

　　苏格拉底："世上有人会相信有关人类的事物存在，却不相信人类的存在吗？有人会不相信马的存在，却相信有关马的事物存在吗？回答我。世上有人会相信神灵的力量，却不相信神灵的存在吗？"

　　莫勒图斯："没有。"

　　苏格拉底："根据你原先的控诉，我是个相信神灵力量的人，也就是说，我相信神灵的存在。话说回来，神灵不是众神之子吗？"

莫勒图斯："是。"

苏格拉底："既然如此，我相信众神当中的神灵，难道不等于相信众神吗？你说我不相信任何神，实在没有道理。"

苏格拉底用提问取得对方的证词，然后不断提问，逼对方做出和先前证词自相矛盾的结论。如果苏格拉底只是滔滔不绝地陈述自己的主张，对方一定能找到理由反驳。借由让对方回答问题，使对方无法再说出自相矛盾的话，最后只能落入苏格拉底提问法的陷阱。

苏格拉底的辩论法就是提问法，因为提问能强势主导议论的进行。

议论的胜负取决于三种情况：①有一方认输的时候；②有一方陷入矛盾、逻辑出错的时候；③有一方说不出话的时候。通常，争论中的双方都不会主动认输，所以最后总得有一方逻辑出错或说不出话，才能分出胜负。

提问可以强制对方思考。对方必须回答你的问题，而且不能有破绽。提问的人呢？**提问者不必表明自己的立场，只要不表明自己的立场，谈话的逻辑当然就不会被攻击，自然不会有说不出话的情况发生。只要想办法提出能找出对方逻辑破绽的问题就行了。**换句话说，提问者所处的立场是安全的，可以攻击对方。

正因为如此，不停提问的苏格拉底从来不曾输过任何一场辩论。

请想想法庭上的情况。

律师在法庭上质询证人，并不会只问简单的问题，有时候甚至会问让证人反感、生气的问题。不过，**律师从不会在质询证人时落败。为什么？因为律师是提问者，而证人只能回答。**提问者可以问自己想问的问题，回答者却不得不回答对方提出的所有问题，所以擂台是由提问者所掌控。

接下来，我们再看看律师出身的亚伯拉罕·林肯质询证人的例子。

被告涉嫌在野外枪杀了被害人，检方以杀人罪起诉，林肯担任被告的律师。在最后一次质询证人时，证人主张自己亲眼目击被告举枪射杀被害人，林肯开始质询证人。

林肯:"你说,直到事发之前,你一直和洛克伍德在一起,亲眼看到他开枪?"

证人:"是。"

林肯:"你就站在旁边吗?"

证人:"不,大概离了二十米远。"

林肯:"之前不是说十米吗?到底多远?"

证人:"应该有二十米,或者更远。"

林肯:"是在宽广的草原吗?"

证人:"不,在树林里。"

林肯:"什么样的树林?"

证人:"山毛榉林。"

林肯:"当时是八月,树叶还很茂密吧?"

证人:"嗯,叶子很茂密。"

林肯:"这把手枪就是犯案工具吗?"

证人:"看起来应该是。"

林肯:"你看到被告开枪了吗?看到他怎么拿枪,以及所有的动作?"

证人:"看到了。"

林肯:"案发地点离会场多远?"

证人："一千多米。"

林肯："电灯在哪里？"

证人："牧师席旁的上方。"

林肯："离案发现场一千多米远的地方？"

证人："对，我刚才已经回答过了。"

林肯："你没看到洛克伍德或葛雷森在案发现场拿着蜡烛吗？"

证人："没看到！为什么要拿蜡烛？"

林肯："那你怎么能看到他开枪？"

证人："当晚天上有月亮！"（语带挑衅）

林肯："你在晚上十点看到被告开枪？在距离电灯一千多米、树叶茂密的山毛榉林？你还看到手枪？看到那个男子开枪？离案发现场二十米远还看得到？这一切都靠天上的月光？距离电灯一千多米还看得到？"

证人："对，我已经回答过了。"

这时候，林肯从上衣口袋拿出一本月历，作为证物慢慢翻开，对陪审团和法官说："当晚没有月亮，月亮到隔天一点才出现。"

林肯巧妙的质询，让证人自己露出了马脚。如果他不靠提问，一开始就说："你说谎，当天晚上十点没有月亮，你怎么可能看得到犯人开枪。"结果又会如何？证人可以反驳："现场有蜡烛，所以看得到他开枪。"**林肯通过问题让证人自己说出"附近没有电灯或蜡烛，我是靠着月光看到犯人开枪"，才能证明他说谎。**

　　由此可见，在辩论的过程中，提问者处于比较有利的形势，回答者则处于劣势。

　　希望议论朝对自己有利的方向发展，就得成为提问的一方，而非回答的一方。借由提问，就能掌控辩论的擂台，主导议论的走向。

通过问题偷偷改变对方的价值观

对方反驳的时候，如果你说不出话来，讨论就到此结束了。对方反驳之后，你可以先回答："说得对。"再尝试从别的角度说服他。或者回答："原来如此，关于这一点，如果从这个角度看，会怎么样？"换个方向切入。记住，不能直接否定对方的反驳意见，一旦否定对方，他会开始采取防守姿态，你说什么他都听不进去。

对方反驳你，背后往往有他的价值观，你可以试着动摇他的价值观。

举例来说，你希望顾客买下两万日元的皮包，顾客可能会说："我没这么多钱，因为还想买其他东西，顶多只能花一万日元买皮包。"他的价值观可能是"花两万日元买皮包太奢侈了"，即使手上有两万日元，也宁愿买其他东西。

这时候，只要把他的价值观改为"即使花两万日元，也该买个真正好的皮包"就行了。

你可以这么说——

顾客："我没这么多钱，因为还想买其他东西，顶多只能花一万日元买皮包。"

店员："是啊，我也一样，想买的东西数不完。对了，您现在用的皮包也差不多一万日元吗?"

顾客："差不多。"

店员："用多少年了?"

顾客："用一年了，这边已经有点脱落。"

店员："原来如此。嗯，这款皮包寿命差不多就是一年。我们这边符合您预算一万日元的款式，寿命其实也差不多就是一年。每年都得买新的皮包，是不是有点浪费?"

顾客："的确有一点，不过皮包的寿命就这么长，也没办法。"

店员："如果您把眼光拉长到三年，其实还有更划算的买法，您愿意听听看吗?"

顾客："好啊。"

店员："这款皮包价格虽然超过您这次的预算，不过它采用××制法，至少可以用三年，设计也很漂亮，您觉得呢？"

顾客："看起来不错，这要多少钱？"

店员："两万日元。买一个好的皮包用三年，反而比较划算。您比较喜欢黑色还是棕色？"

顾客："我比较喜欢黑色。"

店员："那就看这一款吧。从长远来看，买这个皮包是不是更划算呢？"

顾客："说的也是，不过现在一下子要付两万日元，实在有点困难。"

店员："您也可以选择年终付款或分期付款，您要选哪一种？"

不否定对方的反驳意见，而是借由提问动摇他的价值观。只要你能颠覆对方的价值观，他的结论也会改变，最后自然会照着你想的方向走。

对方反驳的时候，请想想"这背后的价值观是什么"，了解对方的价值观之后，再努力颠覆它。

律师最擅长的"原本辩论术"

律师最擅长"原本辩论术"，这种辩论法分为几个阶段：

① 原本……

② 话说回来……

③ 既然如此……

请看下面的例子。

女性："原本这家公司对所有人都是一视同仁吗？"

男性："当然。"

女性："话说回来，不管男人、女人，都是人吧？"

男性："是。"

女性："既然如此，男性员工不是也应该和女性员工一样负责倒茶吗？"

就像这种模式，先在"原本……"的阶段表达作为讨论大前提的价值观，然后用"话说回来……"提出判断标准，最后以"既然如此……"套入具体情况。

再举一个例子。

父母："原本你将来想做什么？"

子女："想当飞行员。"

父母："话说回来，要成为飞行员，是不是必须了解飞机、天空等相关知识？"

子女："是。"

父母："既然如此，从现在起好好学数学、物理、化学，以后是不是比较容易成为飞行员？"

这种"原本辩论术"也可以在讨论离题的时候发挥强大的威力。

大家在聊天时，有时候话题从汽车谈到家人，又从家人牵扯到旅行，说到后来都搞不清到底在聊什么了。想把话题拉回来，必须时时意识到"原本到底在聊什么"。为了让大家发现已经离题了，可以问："原本到底在聊什么？"引起对方的注意，就能回到原来的话题。

"原本提问法"对自己也有效。

举个例子，有些人为了成为律师而开始念书，准备考试。他们买了很多书，安排读书计划，越读越起劲，最后"念书"本身成了目的，甚至超越了通过考试的目的。这种人念书很容易走偏，最后因为考不上而放弃司法考试，或者得多花好几年才能考上。以前我在准备考试的时候，经常提醒自己"原本是为了什么才开始念书"。成为律师才是目的，念书是为了通过司法考试，所以应该集中精神念和考试有关的书，我也因此得以在比较短的时间内通过考试。

古罗马的智者西塞罗曾说："人应为生存而食，不应为食而生存。"当我们过于专注的时候，很容易忘却原本的目的，这时候记得停下脚步，问问自己"原本是为了什么"。

"原本辩论术"适用于许多情况，请大家平时就养成这种思考习惯。

老婆说要看你的手机，你会怎么做——辩论时的举证责任

大家听过"举证责任"吗？

这是法律用语，例如发生杀人案件之后，证明犯罪嫌疑人杀了人是检方的责任，检方必须提出所有必要的证据。

辩方不必举证证明"犯罪嫌疑人没有杀人"，只要针对检方提出的证据挑毛病，阻碍检方证明"犯罪嫌疑人杀人"就行了。

"法无明文规定不为罪"，检方必须举证证明"犯罪嫌疑人杀人"，需要罪证确凿。

通过民事诉讼向被告追讨债款时，原告必须举证证明"把钱交给了被告""双方约定被告必须还钱""已经过了约定还钱的日期"。

这就是原告的"举证责任"。如果原告无法充分举证，就会败诉。

被告只要对原告提出的证据挑毛病，阻碍原告举证即可。接下来，我们把这种举证责任的想法应用在辩论的情况下。

举例来说，税务局随机抽查时有"盘问检查权"，纳税人有义务接受，不过没有义务勉强打开抽屉或金库。

税务调查员会以许多技巧让纳税人打开金库或抽屉，常用的问答方法如下——

　　税务调查员："可不可以打开金库让我看看？"

　　纳税人："很抱歉。"

　　税务调查员："为什么？有什么可疑的东西不想让别人看到？"

　　纳税人："没有，没有什么逃漏税的数据。"

　　税务调查员："既然如此，打开让我看看又有什么关系？"

　　纳税人："里面什么也没有，只有大楼的租约。"

　　税务调查员："如果只有租约，让我看看也没关系。证明里面没有可疑的东西，我们也能更放心地继续调查。"

纳税人:"……"

刚才我说过,纳税人没有义务勉强打开金库,纳税人有权拒绝。

不过,听到"有什么可疑的东西,不想让别人看到"这句话,纳税人便不得不打开金库。这是转换举证责任的一种方法,在不知不觉中,纳税人必须自己证明金库里没有可疑物品。

纳税人是可以拒绝的,记住这一点,然后想办法把举证责任再转回到调查员那一边。

现在我们一起试试看。

税务调查员:"可不可以打开金库让我看看?"

纳税人:"为什么?"

税务调查员:"我想确认金库里有没有和调查相关的资料。"

纳税人:"您已经判断金库里有相关资料了吗?请拿出您这么判断的证据。"

税务调查员："在一般情况下，金库里通常都有与调查相关的资料。您的金库里有什么可疑的东西，不想让别人看到？"

纳税人："不要拿一般情况套用在我身上。你们是看了我提交的哪份资料，判断金库里有什么相关资料？"

税务调查员："恕不奉告。"

纳税人："既然如此，我在法律上有义务打开金库吗？"

税务调查员："没有。"

纳税人："那么很抱歉，我不能开金库。"

如果老婆说"我想看看你的手机"，老公说"不要"，老婆会追问："有什么见不得人的东西吗？"如果老公反驳："哪有什么见不得人的东西。"老婆一定会说："那就拿来给我看。"最后老公只好投降。

像这种情况，同样可以巧妙地转换举证责任。听到这种问题心里大喊不妙的读者，可以研究看看。

到目前为止介绍的都是向别人提问的方法，**其实问自己问题也能改变自己，大家知道吗？**

第 6 章

"改变自己"的提问力

富豪投资家和濒临破产的男子——曾经是同事的两人到底有什么差别

两个男子在同学会上碰面，大学毕业后他们进了同一家公司，不过，现在一个是生活优游自在的投资家，另一个却已经濒临破产。这两个人到底有什么差别？

两人任职的公司在他们进公司五年后业绩开始恶化，十年间薪水都无法上涨。后来濒临破产的男子问自己："为什么我会进这种公司？为什么我这么倒霉？"然后，他到公司附近的居酒屋喝酒发牢骚。

同时，后来成为投资家的男子也问自己："再这样下去，公司一定会倒闭。我能不能利用之前的经验创业？今后需要什么样的产业？"他决定自己创业，并且付诸行动。

到了四十岁，濒临破产的男子被公司外调到关系企业，实际上算是降职。他又问自己："我怎么这么倒霉？老天有没有眼啊？"然后，他到公司附近的居酒屋喝酒发牢骚。

而同时，**成为投资家的男子**事业上了轨道，他又问自己："**我不可能一直这么卖命工作，也应该多陪陪家人。有没有不亲自工作就能赚钱的方法？**"

他把公司卖掉，赚了几亿日元，把这笔钱当资金，开始投资房地产。

到了五十岁，他们在同学会上碰面了。**一个是生活优游自在的投资家，另一个却被公司裁员、濒临破产。这两个人的差别在于他们问自己的问题。**濒临破产的人总是把自己的处境归咎于他人，只会发牢骚，从不采取行动。成为投资家的人不断督促自己向上，问自己"怎么做才能更好"，得到答案之后就开始行动。

问题不是只能拿来问别人，也可以问自己。**思考就是问自己问题。向自己提出好问题，就会往好的方向思考；提出坏问题，就会往坏的方向思考。**问自己"为什么我这么糟"，当然不可能得到好答案。"我的强项是什么？我该如何发挥特长？"这么问就会得到好答案。

从这个角度来看，问自己问题相当于掌控自己。人生要成功，必须懂得掌控自己，最快的方法就是问自己好问题。

再举一个例子。

《心灵鸡汤》中介绍了下面这则小故事：

加拿大有个名为巴里的城镇曾遭受龙卷风侵袭，当时死亡数十人，损失金额高达数百万美元。在广播公司工作的坦伯顿经过该城镇，看到灾情惨重，想到了一个计划。为了援助灾民，他打算在三天内做好准备，在三小时内募集三百万美元。他在董事会上提出了这个构想。

会议上有人质疑："你是认真的？这怎么可能办得到？"

坦伯顿回答："我想讨论的，不是办不办得到、要不要这么做，而是大家想不想。"

大家都说："当然想。"

接着，坦伯顿在黑板写下大大的"T"字，右边写着"为什么办不到"，左边写着"该怎么做才办得到"，然后在"为什么办不到"上面画了一个大大的"×"。

他开口说道:"我不想和大家讨论'为什么办不到',这种讨论只会浪费时间。我只想讨论'该怎么做才办得到'。"结果在三天后,就是隔周的星期二,广播马拉松开始了。加拿大各地共五十家广播公司同心协力,知名主持人共襄盛举,在三小时内募集到三百万美元。

我们想做一件事情的时候,是不是也常常说:"这怎么可能,因为……"然后拼命找借口?与其想这些,不如思考"该怎么做才办得到"。大家应该记住,问自己的问题可以决定最后的成败。

请大家务必锻炼对自己的提问力。

人生成功的三大法则

人生真的有所谓的成功法则吗？

伟大的成功人士有共通的行动法则，有关成功哲学的书内容也都大同小异。

①**设定目标；**②**采取行动；**③**坚持到底。**不设定好目标就胡乱行动，绝对不会成功。就像没有明确的目的地，却在海上漂流一样。设定好目标，才能达成目标。但就算目标再伟大，如果不采取行动，也无法达成。整天躺在沙发上看电视，即使是看起来漂亮的目标，也不会有实现的那天。不启程出发，当然无法抵达目的地。

然而，即使设定好目标，实际采取行动，如果半途而废，同样无法达成目标。抵达目标之前的旅途往往艰辛困难，但不管碰到多少困难，也得坚持，不能放弃。这就是成功的三大法则：①设定目标；②采取行动；③坚持到底。**要做到这三点，必须能够掌控自己。掌控自己的情绪和行动，不断朝着目标前进，才能成功。**

要如何做到这三点？

1. 设定目标

该如何设定目标？

问自己问题。把目标写下来，使目标变得具体，才有可能实现。请准备纸笔，这时候也可以利用5W1H。

① 你想实现什么（What）？

写出一些你想实现的目标。"想赚一亿日元""想创业""想结婚""想考上大学"……写什么都好，想到就写下来，不要考虑"做不做得到""做不到的话，我会讨厌自己"，这些评价或判断都是之后的事。头脑风暴的要诀是，想到什么就写什么。必须先确定目标，才能想办法达成。

② 你想在什么时候（When）实现目标？

目标要具体，才可能达成。接下来，为刚才写下的所有目标制定期限，当然必须是可以达成的期限。没有期限的目标，只是未来的梦想。现在设定目标是为了完成它，所以必须为目标设定实现的期限。

③ 为了达成目标必须牺牲什么（What）？目标和牺牲，你选择哪一个（Which）？

达成目标并不简单，必须有所牺牲。如果想考资格证，就得念书。要花时间念书，就得牺牲参加聚会或看电视的时间。当你设定目标的时候，必须选择是要达成目标还是继续以往参加聚会、看电视的生活。鱼与熊掌不可兼得。

2. 采取行动

设定目标之后必须立刻采取行动。刚才写的目标中，有没有十年前就定下的目标？五年前就定下的目标？或者一年前就定下的目标？有哪些根本还没采取行动？恐怕许多目标至今都没有具体行动吧？**不采取行动，就不会有变化。倘若你不采取行动，别人就不会支持你。**

歌德曾说："人生中有下面两种情况——想做却做不到，做得到却不想做。"足见人往往只是在心里想，却不实际采取行动。所以，只有能付诸行动的少数人才能成功。请大家立刻开始行动。

要采取行动的时候，必须利用"如何做"。

④ 该如何（How）达成目标？

现在你已经理清应该达成的目标和期限，试着问自己："**要在期限之前达成目标，必须在什么时候（When）做什么（What）？想成为什么样（How）的人？需要靠谁（Who）帮忙？**"

如果目标太大，就分割成小目标。想在十年后存到一亿日元，平均每年需要存一千万日元（虽然实际上每年存的钱会增加）。然后你可能发现，如果继续待在这家公司，不可能每年存一千万日元，该怎么办？

要像这样具体而实际地思考。

我一直靠这种方式实现自己的目标。现在我也常常设定目标，采取行动。**如果你有目标，请立刻采取行动。**

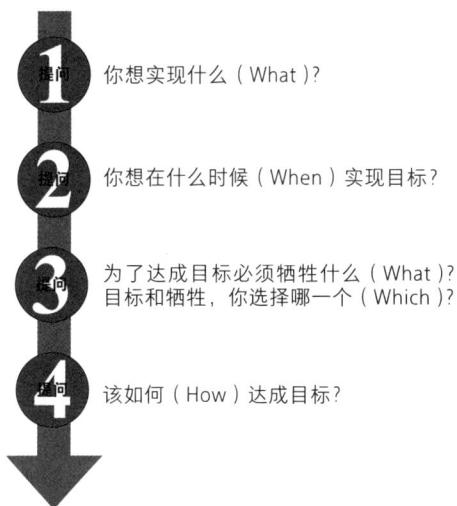

提问1 你想实现什么（What）？

提问2 你想在什么时候（When）实现目标？

提问3 为了达成目标必须牺牲什么（What）？
目标和牺牲，你选择哪一个（Which）？

提问4 该如何（How）达成目标？

图 6-1　达成目标的四个提问

3. 坚持到底

实现目标之前的过程并不简单，往往会碰到许多困难。如果一碰到困难就放弃，一定无法实现目标。想要成功，必须坚持到最后。

为了坚持到底，应该问自己什么样的问题？

① 该如何（How）克服眼前的困难？

我们碰到困难的时候，往往会朝负面思考，觉得"不行了""不可能解决""果然没办法"。不过，想要成功，必须换个角度想，问自己："该怎么做才能解决问题？"

发明大王爱迪生失败了几千次、几万次才发明灯泡，不过他说：**"我并没有失败，而是发现了几千、几万种不会成功的方法。"**

爱迪生从未放弃，失败的时候也不曾说过"完了"。"这个方法行不通啊。我又学到了。那么，该怎么做才能解决这个问题？"最后他终于发现成功的方法，创造出伟大的发明。

弹性思考可以帮助你超越失败。如果一个方法行不通，就再试其他方法。毅力和灵活性将化不可能为可能。

② 该如何（How）做得更好？

还有另一位伟大的人物。

肯德基创始人桑德斯以前自己经营餐厅，在他六十五岁的时候，餐厅所处的国道附近新修了高速公路，于是车潮不再，顾客顿时大减。餐厅被拍卖，桑德斯失去了一切。

不过，桑德斯决定东山再起："我可以卖自己的炸鸡食谱！"

他花了两年造访美国各地的餐厅，却没有成功签下任何合约。**他一共拜访了一千零九次，也被拒绝了一千零九次。**到了第一千一十次，总算得到了正面答复，肯德基也因此诞生。

你曾经为达成目标失败了一千零九次吗？当然没有。我也没有。不过，只要凭着"一定要成功"的意志力，**坚持到最后，就一定能成功。**桑德斯就是最好的例子。他和爱迪生一样，不断问自己："到下一家餐厅该怎么推销，才能做得更好？"

要凭着不屈不挠的意志力，坚持到最后。

自我反省的七个提问

质询证人是打官司的高潮，我当了十五年律师，直到现在，质询证人的时候依然会紧张。质询之前我当然会充分准备，有时候可以照着计划进行，有时候未必这么顺利。若能依照事前的推演，问到自己想要的答案，实在痛快。不过，要是证人说出预料之外的对我的当事人不利的证词，之后往往得打一场硬仗。

因此，每当质询结束之后，趁着记忆犹新，我会立刻反省、检讨，思考下面这几个问题：

① 哪些部分很顺利？

② 为什么很顺利？

③ 今后也要继续的是什么？

④ 哪些部分不顺利?

⑤ 为什么不顺利?

⑥ 今后应该避免的是什么?

⑦ 今后应该改进的是什么?

我不只在质询证人之后反省,和对手谈判之后也一样,并且下定决心:"下次一定要做得更好!"

平时打电话也一样,挂上电话之后,马上回顾刚才电话的内容。如果当下没有时间,之后也会找时间回想。

按照这七个问题回顾日常生活中的诸多事务,就能在各方面不断提升。人都有坏习惯,都有弱点,如果自己没有强烈想要改变的意识,你就绝对不会改变。**希望自己更好,必须对自己不足、不好、脆弱的部分有所自觉。**其中一种方法就是问自己这些问题。

每天浑浑噩噩过日子的人,和每天回顾生活的大小事的人,一年后一定会有很大的差异。我身边没有适当的人可以给我建议,所以我总是自己回顾反省。其实征求别人的意见也是很有效的方法,不过先决条件是对方必须是正直的、对你严格的人。

我们律师事务所有些律师和我一起质询证人后，或在商量、谈判之后，会问我："我刚才提出的问题（或商量、谈判）怎么样？如果有需要改进的地方，请告诉我。"这种人是会成长的人。面对自己的缺点，努力克服，你一定会越来越好。

解决问题的八个提问

　　生活中难免碰到许多问题，有些问题可能让人觉得"不可能解决得了"，甚至让人觉得活不下去。我曾经接过公司破产的善后工作，公司老板甚至在处理的过程中自杀了。中小企业的老板把自己开设的公司当成自己的分身，公司就是自己的人生。公司破产，就像人生破产。背负着庞大的债务，除了处理负债，还得保障家人的生活，所以也不是不能理解觉得问题大到"不可能解决得了"这种心情。他最后决定把保险金留给家人，断送自己的性命。

　　面对这样的事情，我总是感到很无力。老板自杀前几天，还在我们律师事务所和我讨论。我责怪自己，"为什么没有更早发现"。如果我注意到老板情况有异，也许有方法可以解决。

事业失败、公司破产，有时候是因为经营能力有问题，有时候是外在环境的影响，谁也无能为力。有些人虽然让公司破产，背负了上亿日元的债务，最后依然拼死拼活还清借款，像不死鸟似的重新复活。有些人宣告破产，之后转换跑道，和家人同心协力，又重新站了起来。

自杀的老板和重新站起来的老板有什么不同？

差别在于他们问自己的问题。自杀的老板问自己："为什么我这么倒霉？欠了一屁股债，没救了。家人以后也会走投无路吧？"他从负面思考，以无法解决负债问题为前提，为了保护家人，决定拿自己的命去换保险金，留给家人生活。至于重新站起来的老板，则问自己："怎么做才能还清债务？要还多少钱？还到什么时候？找谁商量可能会有更好的解决方法？"他从正面思考，以可以解决问题为前提。两者对自己提问的能力有天壤之别。

人生没有解决不了的问题。**莎士比亚曾说："世上没有幸或不幸，一切看你怎么想。"问题一定能解决，人生一定会往前进。重要的是不放弃，对自己提出正面问题。**

碰上困难的时候，请对自己提出这八个问题：

① 换个角度看，这个问题的正面是什么？

② 问题解决之后，能提升哪方面的能力？

③ 要解决问题，有什么方法可用？

④ 要解决问题，自己必须做什么？

⑤ 现在必须立刻做什么？

⑥ 在解决问题的过程中，必须付出什么代价？

⑦ 宁可付出代价，也应该解决这个问题吗？

⑧ 怎么做才能让自己享受解决问题的过程？

换句话说，**要相信自己"一定能解决问题"。以可以解决问题为前提思考、提问**，这样一来，思考也会朝着同样方向进行，到最后问题一定能迎刃而解。

问题解决了，还要从根本上改善自己的缺点。**大家知道能够从根本克服缺点的提问法吗？**

把缺点变优点的逆转提问法

之前提到的桑德斯在创办肯德基之前，经营了二十五年餐厅，因为餐厅被拍卖而濒临破产。这很明显是走投无路的情况，没有了餐厅，桑德斯就无法继续他的餐饮事业。

但是，**桑德斯从反方向逆转思考，把"没有餐厅"的弱点改为"可以自由行动"的优势**。不受经营餐厅的限制，他可以**自由到其他餐厅推销，改做销售炸鸡食谱的生意**。如果只是经营餐厅，每天忙得晕头转向，也不会想到可以销售食谱。

因为他把缺点变优点的逆转思考法，才有了全球超过一万家连锁店的肯德基。

东京池袋"Sunshine City"（阳光城）里有座主题乐园"南梦柯南佳城"，自一九九六年开幕至今一直人声鼎沸。

不过，它并非一开始就运营得这么顺利。主题乐园最受欢迎的往往是华丽绚烂的大型游乐设施，可是商城的天花板太低，不可能设置大型游乐设施，这是南梦柯南佳城当初致命的弱点。

于是**企划小组从另一个角度思考**，主题乐园是由游乐设施这些"盒子"和连接的"路"组成的。从盒子的角度思考，只能想到大型游乐设施，但**如果善用"路"的角度，就能想出新点子**。最后企划小组规划出"走在主题乐园就能玩得开心"这个全新概念。这样一来，天花板太低根本不构成问题。

还有其他把缺点变优点的成功案例。

位于北海道的旭川动物园一九六七年开业，这个由旭川市经营的动物园占地十五万平方米，有上百种、约八百只动物。旭川市人不多，从札幌等大城市到旭川的交通也不方便，但旭川动物园现在却超过东京上野动物园，是全日本游客最多的动物园。过去，旭川动物园的游客只有现在的十分之一，每年大约三十万人，甚至有人提议关闭动物园。后来小菅园长于一九九五年上任，采用"行动展示"概念，让游客看到动物原始自然的行动状态。动物园的业绩顿时起死回生，游客也增加了十倍。

旭川动物园同样是把弱点转为优势，才造就了今日的成功。

当初，旭川动物园所处位置交通不便，而且天气寒冷，游客根本不想大老远跑去。"交通不便"和"天气寒冷"是动物园致命的弱点。

从旭川机场到旭川市中心需要三十五分钟，然后从市中心到动物园又得花三四十分钟，加起来超过一小时，即使想顺道造访，也实在太远。如果从札幌过去，到旭川市中心需要一小时二十分钟，然后从市中心到动物园又得花三四十分钟，加起来需要两小时。**不过，如果从旭川机场直接到动物园，三十五分钟内就能抵达。换句话说，如果观光客"以参观动物园为目的"，到动物园就会非常方便。至于"天气寒冷"的弱点，也代表它具有"适合饲育寒带动物"的优势**，游客可以在动物园看到北极熊和企鹅最生动的模样。这可以说是把原本致命的弱点转为优势的最佳例子。

感到绝望的时候，大家可以对自己提出下面的问题，找到灵感，把缺点变成优点。

① 目前情况的缺点是什么？

② 从反方向思考，这些缺点能让你不受什么限制？

③ 试着质疑"这些条件是缺点"这个前提，会有什么新的想法？

④ 既然前提变了，该怎么把所拥有的自由发挥到极限？

⑤ 如何借由这样的概念克服原来的缺点？

把这些问题套用到肯德基的情况上想想看。

问题："目前情况的缺点是什么？"

答案："没有餐厅，不能卖炸鸡。"

问题："从反方向思考，这些缺点能让你不受什么限制？"

答案："不受经营的餐厅限制，可以自由行动。"

问题："试着质疑'这些条件是缺点'这个前提，会有什么新的想法？"

答案："有没有可能不经营餐厅，还是照常卖炸鸡？或不直接卖炸鸡，只卖炸鸡的味道？"

　　问题："既然前提变了，该怎么把所拥有的自由发挥到极限？"

　　答案："改用移动餐车卖炸鸡，或只卖炸鸡的食谱。"

　　问题："如何借由这样的概念克服原来的缺点？"

　　答案："借别人的餐厅卖炸鸡，也就是把炸鸡食谱卖给其他人，创办连锁餐厅。"

换个角度问，找出更好的解决方法

律师为当事人辩护，即代表当事人。如果成了债权人的代表律师，就得对债务人说"还钱"；如果成了债务人的代表律师，就得对债权人说："不还！"

我们必须站在当事人的立场，考虑当事人的利害，为当事人争取到最大利益。

不过，律师不能只从当事人的角度看事情，**也得考虑对方会怎么看这起事件，可能会提出什么主张，也就是从另一方的角度思考。**开始打官司之后，最后由法官判定结果，如果双方各执一词、互相对立，我们也得**从法官的角度思考**，想想法官会怎么看这起事件。

通过这样的过程，律师才能掌握从当事人的角度看不到的观点。拥有其他观点，才能制定对当事人有利的策略，让谈判或官司朝着对当事人有利的方向发展。

换句话说，律师必须从下面三种立场看事情：

① 当事人的立场；

② 对方的立场；

③ 法官的立场。

从全方位的角度检视事件，才能预测争论的重点，最后才能帮当事人赢得最大的利益。

这种技巧也能应用在日常生活中的问题。

出了问题、面临困扰的时候，不要只站在自己的立场思考，必须从全方位的角度检讨。

例如为人际关系所苦的时候——

① 站在自己的立场思考。(很自然就能做到)

② 站在对方的立场思考。

站在对方的立场思考，才能掌握对方想如何处理和自己的关系。从对方的性格推测，才能看到自己在对方眼中是什么样子、自己之前的态度带给对方什么感受。

③ 第三者如何看待你们两人的对话。

也可以扩大解释"第三者"的意思。对律师来说，法官是"第三者"，但是面对生活中的问题，不需要从法官的角度看。

① 爸爸会怎么想？
② 妈妈会怎么想？
③ 最好的朋友会怎么想？
④ 老公或老婆会怎么想？
⑤ 完全无关的第三者会怎么想？
⑥ 我尊敬的坂本龙马会怎么想？

任何事情都可以从各种角度看待。思考过后，也许会发现，自己觉得很重要的问题，其实并没有那么重要，只不过是自己太过偏执。

站在他人的立场思考，称为"换个角度"。**当我们成了问题的当事人，往往很难冷静看待整件事。换个角度，抽离自己的立场，恢复冷静，才能找到更好的解决方法。**

立刻就能改变自己的提问

之前介绍了许多提问技巧，最后我想和大家一起练习现在立刻就能改变自己的提问。对自己的现况很满意的人并不需要，但是几乎所有人都对现状有所不满，希望自己可以变得更好。这些问题正是为这样的人设计的。

请静下心来思考。

① 如果可以回到一年前，你会做什么？

② 公司（家人）期望你扮演什么角色？

③ 为了扮演那个角色，你可以立刻做什么？

④ 什么话语能让你充满活力？

⑤ 你常说的负面口头禅是什么？比如"反正我就是不行""绝对行不通""做了也没用"。

⑥ 你想改变周遭的什么事？比如"想改变自私的主管""想改变爱生气的老公"。

⑦ 你想做就做得到，只是不想做的事是什么？

⑧ 什么时候你会对另一半感到不满？

⑨ 如果你想达成目标，必须做什么牺牲？例如"要念书准备考试，所以不能常和朋友聚餐"。

⑩ 你打算把本书的哪一部分用怎样的方法应用在什么场合？

【解说】

① 如果可以回到一年前，你会做什么？

那么请现在立刻开始，实际行动才是最重要的。**如果不立刻开始，明年你还是会回答同样的答案。**

② 公司（家人）期望你扮演什么角色？

请扮演你该扮演的角色，不要只在乎你自己。

建立美国最大钢铁王国的安德鲁·卡内基曾说："成功没有什么技巧，我只是尽力做好自己该做的事。"

③ 为了扮演那个角色，你可以立刻做什么？

请现在立刻开始。家人希望你做什么？也许他们只是希望看到你的笑容，那就立刻展现笑容给他们看。自己先改变，才能改变身边的一切。

④ 什么话语能让你充满活力？

把这句话写下来，贴在书桌或办公桌前，夹在笔记本里，随身携带，经常看着它，让自己活力充沛。

⑤ 你常说的负面口头禅是什么？比如"反正我就是不行""绝对行不通""做了也没用"。

不管是什么，绝对不要再说出口。负面口头禅会侵入你无意识的世界，侵蚀你的灵魂。

⑥ 你想改变周遭的什么事？比如"想改变自私的主管""想改变爱生气的老公"。

先改变自己吧。把责任转嫁给别人，也无法改变他们。不改变自己，就改变不了别人。**要影响对方，必须成为能够影响他人的人。**

英国威斯敏斯特教堂的地下安置着英国国教主教的墓碑，上面刻着这样一段文字：

"年轻时不受任何事物束缚，想象尽情驰骋，幻想着自己改变世界。然而，年岁和智慧渐长，我发现世界并不会改变。我决定拉近目标，从自己的国家开始着手。

"可惜自己的国家也没有改变。

"步入老年，我的心愿成了悲痛的情绪。如果连自己的国家都改变不了，至少要改变离自己最近的家人。

"然而令人难过的是，就连这一点都不简单。

"现在我已经迈向死亡。**到了现在我才明白，应该改变的是我自己。如果自己改变了，家人也会跟着改变。**

"**有了家人鼓励支持，我或许也能改变自己的国家，甚至改变世界。**"

（引用自《心灵鸡汤》）

⑦ 你想做就做得到，只是不想做的事是什么？

请现在立刻开始。**嘴上挂着这句话的人从来不曾真的做到什么事。**

本杰明·富兰克林曾说："明天该做的事，今天就动手。"

⑧ 什么时候你会对另一半感到不满？

你是不是对他们要求太高？**站在对方的立场想一想。当你站在他们的立场，还会觉得他们应该向你道歉吗？**

⑨ 如果你想达成目标，必须做什么牺牲？例如"要念书准备考试，所以不能常和朋友聚餐"。

想达成目标，一定得做出牺牲。即便如此，你还是希望能达成目标，那就勇敢付出代价，朝着目标前进。

⑩ 你打算把本书的哪一部分用怎样的方法应用在什么场合？

请慢慢思考，一切看你自己。

引用文献

1.「人を動かす」（創元社　D・カーネギー著　山口博訳）

2.「弁論術」（岩波文庫　アリストテレス著　戸塚七郎訳）

3.「ソクラテスの弁明・クリトン」（岩波文庫　プラトン著　久保勉訳）

4.「その気にさせる質問力トレーニング」（ディスカバー・トゥエンティワン　ドロシー・リーズ著　桜田直美訳）

5.「名言・名句新辞典　知恵のキーワード」（旺文社　樋口清之監修）

6.「こころのチキンスープ　愛の奇跡の物語」（ダイ

ヤモンド社　ジャック・キャンフィールド、マーク・Ｖ・ハ
ンセン著　木村真理、土屋繁樹共訳）

　　7.「弁護のゴールデンルール」（現代人文社　キー
ス・エヴァンス著　高野隆訳）

　　8.「涙が出るほどいい話　あのときは、ありがとう
第九集」（河出書房新社　「小さな親切」運動本部編）

　　9.「反対尋問」（旺文社文庫　ウェルマン著　梅田昌
志郎訳）

主要参考文献

1.「トヨタ生産方式」(ダイヤモンド社　大野耐一著)

2.「一瞬で自分を変える法」(三笠書房　アンソニー・ロビンズ著　本田健訳・解説)

3.「推理と論理　シャーロック・ホームズとルイス・キャロル」(ミネルヴァ書房　内井惣七著)

4.「実践　DVD映像60分『見る&読む』で身につくコーチング」(日経BP社　日経ビジネスアソシエ編集)

5.「コーチングの神様が教える『できる人』の法則」(日本経済新聞出版社　マーシャル・ゴールドスミス&マーク・ライター著　斎藤聖美訳)

6.「1億稼ぐ人の心理戦術」(中経出版　樺沢紫苑著)

7.「億万長者の知恵」(青春出版社　藤井孝一監修)

8.「営業の魔術」（日本経済新聞社　トム・ホプキンス著　川村透訳）

9.「世界一の『売る！』技術」（フォレスト出版　ジョー・ジラード、ロバート・L・シュック著　石原薫訳）

10.「私に売れないモノはない！」（フォレスト出版　ジョー・ジラード、スタンリー・H・ブラウン著　石原薫訳）

11.「影響力の武器　なぜ、人は動かされるのか」（第二版　誠信書房　ロバート・B・チャルディーニ著　社会行動研究会訳）

图书在版编目（CIP）数据

共情提问 /（日）谷原诚著；陈昭蓉译. -- 北京：
九州出版社，2020.9
ISBN 978-7-5108-9342-1

Ⅰ. ①共… Ⅱ. ①谷… ②陈… Ⅲ. ①提问—言语交
往—通俗读物 Ⅳ. ①B842.5-49

中国版本图书馆CIP数据核字(2020)第137954号

HITO WO UGOKASU SHITSUMONRYOKU
© Makoto Tanihara 2009
First published in Japan in 2009 by KADOKAWA CORPORATION, Tokyo.
Simplified Chinese translation rights arranged with KADOKAWA
CORPORATION, Tokyo
through Bardon-Chinese Media Agency, Taipei.

本书中文简体版归属于银杏树下（北京）图书有限责任公司。
著作权合同登记号：01-2020-4380

共情提问：如何提出让人不自觉就赞同的问题

作　　者	［日］谷原诚 著　陈昭蓉 译
责任编辑	周　春
封面设计	柒拾叁号
出版发行	九州出版社
地　　址	北京市西城区阜外大街甲35号（100037）
发行电话	（010）68992190/3/5/6
网　　址	www.jiuzhoupress.com
电子信箱	jiuzhou@jiuzhoupress.com
印　　刷	北京盛通印刷股份有限公司
开　　本	889 毫米 × 1194 毫米　32 开
印　　张	7
字　　数	106 千字
版　　次	2020 年 9 月第 1 版
印　　次	2020 年 9 月第 1 次印刷
书　　号	ISBN 978-7-5108-9342-1
定　　价	38.00元

如何有效提问

著　者：（日）斋藤孝
译　者：傅稜君
书　号：978-7-5142-1863-3
出版时间：2017年10月
定　价：36.00元

让你懂得提出好问题，在3分钟内营造愉悦的谈话气氛，和任何人都能聊得来！

日本沟通专家斋藤孝倾力打造，书中不仅有作者独创的"坐标轴思考法"，让你的问题一击即中，有效获取关键信息；更汇集了大量知名人士，如村上春树、手冢治虫、斯皮尔伯格等人的访谈实录，用真实的案例告诉你优秀人士如何提出好问题。

沟通的关键不在于我们是否能够说出重点，而在于能让对方说出多少重点。面对不熟悉的人，想要让对方打开心扉，并且营造出愉悦的谈话气氛，重点在于能够提出一个精彩的问题。

一个好的问题，不仅能够在3分钟内就让对方打开"话匣子"，更能够让我们从对方的回答中获取有效信息。最好的成长方式就是经常和优秀的人交谈，并通过提问这一积极行为来增强沟通能力。

只要你懂得如何提出好问题，那你跟谁都可以"聊得来"！

赞扬与责备：剑桥大学的沟通课

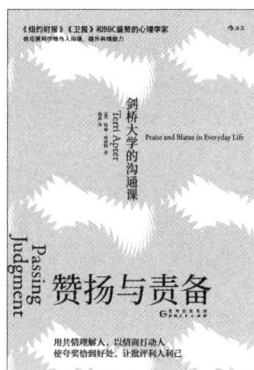

著　　者：（英）特丽·阿普特

　　　　　（Terri Apter）

译　　者：韩　禹

书　　号：978-7-221-15717-1

出版时间：2020 年 1 月

定　　价：42.00 元

缺乏共情的赞扬会适得其反，富含共情的责备能让人心悦诚服

《纽约时报》《卫报》和 BBC 盛赞的心理学家教你更科学地与人沟通，提升共情能力

"这孩子一点儿都不懂事！"

"我朋友也太不体谅人了！"

"你又漂亮又能说会道。"

在每天的沟通中，我们都在对周围人的好与坏做出评价。

但我们的赞扬与责备客观真实吗？我们要如何提升这项能力呢？

作者将 30 年的研究成果凝聚于本书中，揭示了赞扬与责备的机制是如何在亲子、夫妻、朋友、同事，甚至陌生人之间运作的。赞扬不仅能表达喜爱，还可能涉及利用与讽刺；责备不仅与不满有关，还可能隐含着歧视和推脱责任。通过阅读本书，读者将对自己和他人的心理活动、需求和真实意图产生更深的理解，试着容忍他人的看法，客观评价身边的人，更好地与他人沟通。